CRE公務員綜合招聘考試

精讀試題王 題庫與練習

投考公務員

基本法

測試精讀王

U0130767

Man Sir & Mark Sir 著

序言

　　現今社會的變遷和經濟的轉型為政府的施政帶來極大的挑戰。因此，公務員團隊必須吸納更多的有志者、有能者，為市民提供優質的服務。所謂有志者，簡單而言，正如2011-12年度施政報告所示：「堅守以民為本的信念，以開放包容的態度，服務市民，貢獻社會。」至於有能者則包括各方的專才，不一而足，且各部門的要求也有所不同，難以一概而論。

　　另一方面，專才也須具備通才的特質，據公務員事務局所示：「政務職系人員是專業的管理通才，在香港特別行政區政府擔當重要角色。」所以，公務員考試組及部分決策局和部門舉辦一系列的考試遴選，以為聘任之用。

　　以學位／專業程度職系而言，最基本的要求就是通過公務員綜合招聘考試（Common Recruitment Examination-CRE），該測試首先包括三張各為45分鐘的多項選擇題試卷，分別是「中文運用」、「英文運用」、和「能力傾向測試」，其目的是評核考生的中、英語文能力及推理能力。

　　之後是「基本法測試」試卷，基本法測試同樣是以選擇題形式作答之試卷，全卷合共15題，考生必須於20分鐘內完成。而基本法測試本身並無設定及格分數，滿分則為100分。基本法測試的成績，會對於應徵「學位或專業程度公務員職位」的人士佔其

整體表現的一個適當的比重。

然而，學有博約之別，才有遲速之分，一些考生雖有志有能，但礙於此一門檻，因而未能加入公務員團隊，一展抱負。

有見及此，本書特為應考公務員綜合招聘試的考生提供試前準備，希望考生能熟習各種題型及答題方法。可是要在45分鐘之內完成全卷對大部分考生而言確有一定的難度。因此，答題的時間分配也是通過該試的關鍵之一。考生宜通過本書的模擬測試，了解自己的強弱所在，從而制訂最適合自己的考試策略。

此外，考生也應明白任何一種能力的培訓，固然不可能一蹴而就，所以宜多加推敲部分附有解說的答案，先從準確入手，再提升答題速度。考生如能善用本書，對於應付公務員綜合招聘考試有很大的幫助。

Man Sir & Mark Sir

目錄

輕鬆認識CRE

認識公務員綜合招聘考試

公務員綜合招聘考試(CRE)
科目包括:

- 英文運用
- 中文運用
- 能力傾向測試
- 《基本法》知識測試

入職要求

- 應徵學位或專業程度公務員職位者,須在綜合招聘考試的英文運用及中文運用兩張試卷取得二級或一級成績,以符合有關職位的一般語文能力要求。
- 個別進行招聘的政府部門/職系會於招聘廣告中列明有關職位在英文運用及中文運用試卷所需的成績。
- 在英文運用及中文運用試卷取得二級成績的應徵者,會被視為已符合所有學位或專業程度職系的一般語文能力要求。
- 部分學位或專業程度公務員職位要求應徵者除具備英文運用及中文運用試卷的所需成績外,亦須在能力傾向測試中取得及格成績。

PART ONE
輕鬆認識 CRE

PART TWO
基本法概覽

PART THREE
基本法全文

PART FOUR
模擬試題測驗

考試模式

I. 英文運用

考試模式：

全卷共40題選擇題，限時45分鐘

試題類型：

- Comprehension
- Error Identification
- Sentence Completion
- Paragraph Improvement

評分標準：

成績分為二級、一級及格或不及格，二級為最高等級

擁有以下資歷者可等同獲CRE英文運用考試的二級成績，並可豁免考試：

- 香港中學文憑考試英國語文科5級或以上成績
- 香港高級程度會考英語運用科或 General Certificate of Education(Advanced Level) (GCE ALevel) English Language 科C級或以上成績

- 在International English Language Testing System(IELTS)學術模式整體分級取得6.5或以上，並在同一次考試中各項個別分級取得不低於6的人士，在考試成績的兩年有效期內，其IELTS成績可獲接納為等同綜合招聘考試英文運用試卷的二級成績。

擁有以下資歷者可等同獲CRE英文運用考試的一級成績：

- 香港中學文憑考試英國語文科4級成績
- 香港高級程度會考英語運用科或GCE ALevel English Language科D級成績

* 備註：持有上述成績者，可因應有意投考的公務員職位的要求，決定是否需要報考英文運用試卷。

PART ONE
輕鬆認識 CRE

PART TWO
基本法概覽

PART THREE
基本法全文

PART FOUR
模擬試題測驗

II. 中文運用

考試模式：

全卷共45題選擇題，限時45分鐘

試題類型：

- 閱讀理解
- 字詞辨識
- 句子辨析
- 詞句運用

評分標準：

成績分為二級、一級或不及格，二級為最高等級

擁有以下資歷者可等同獲CRE中文運用考試的二級成績，並可豁免考試：

- 香港中學文憑考試中國語文科5級或以上成績
- 香港高級程度會考中國語文及文化、中國語言文學或中國語文科C級或以上成績

擁有以下資歷者可等同獲CRE中文運用考試的一級成績：

- 香港中學文憑考試中國語文科4級成績
- 香港高級程度會考中國語文及文化、中國語言文學或中國語文科D級成績

*備註：持有上述成績者，可因應有意投考的公務員職位的要求，決定是否需要報考中文運用試卷。

III. 能力傾向測試

考試模式：

全卷共35題選擇題，限時45分鐘

試題類型：

- 演繹推理
- Verbal Reasoning (English)
- Numerical Reasoning

PART ONE
輕鬆認識 CRE

PART TWO
基本法概覽

PART THREE
基本法全文

PART FOUR
模擬試題測驗

- Data Sufficiency Test
- Interpretation of Tables and Graphs

評分標準：

成績分為及格或不及格

IV.《基本法》知識測試

考試模式：

全卷共15題選擇題，限時20分鐘

評分標準：

無及格標準，測試應徵者對《基本法》（包括所有附件及夾附的資料）的認識。成績會在整體表現中佔適當比重，但不會影響其申請公務員職位的資格。

公務員職系要求全面睇

	職系	入職職級	英文運用	中文運用	能力傾向測試
1	會計主任	二級會計主任	二級	二級	及格
2	政務主任	政務主任	二級	二級	及格
3	農業主任	助理農業主任/ 農業主任	一級	一級	及格
4	系統分析/ 程序編製主任	二級系統分析/ 程序編製主任	二級	二級	及格
5	建築師	助理建築師/ 建築師	一級	一級	及格
6	政府檔案處主任	政府檔案處助理主任	二級	二級	-
7	評稅主任	助理評稅主任	二級	二級	及格
8	審計師	審計師	二級	二級	及格
9	屋宇裝備工程師	助理屋宇裝備工程師/ 屋宇裝備工程師	一級	一級	及格
10	屋宇測量師	助理屋宇測量師/ 屋宇測量師	一級	一級	及格
11	製圖師	助理製圖師/ 製圖師	一級	一級	-
12	化驗師	化驗師	一級	一級	及格
13	臨床心理學家（衛生署、入境事務處）	臨床心理學家（衛生署、入境事務處）	一級	一級	-
14	臨床心理學家（懲教署、香港警務處）	臨床心理學家（懲教署、香港警務處）	二級	二級	-
15	臨床心理學家（社會福利署）	臨床心理學家（社會福利署）	二級	二級	及格
16	法庭傳譯主任	法庭二級傳譯主任	二級	二級	及格
17	館長	二級助理館長	二級	二級	-
18	牙科醫生	牙科醫生	一級	一級	-
19	營養科主任	營養科主任	二級	二級	-
20	經濟主任	經濟主任	二級	二級	-
21	教育主任（懲教署）	助理教育主任（懲教署）	二級	二級	-
22	教育主任（教育局、社會福利署）	助理教育主任（教育局、社會福利署）	二級	二級	-
23	教育主任（行政）	助理教育主任（行政）	二級	二級	-
24	機電工程師（機電工程署）	助理機電工程師/機電工程師（機電工程署）	一級	一級	及格
25	機電工程師（創新科技署）	助理機電工程師/機電工程師（創新科技署）	一級	一級	-

	職系	入職職級	英文運用	中文運用	能力傾向測試
26	電機工程師（水務署）	助理電機工程師/ 電機工程師（水務署）	一級	一級	及格
27	電子工程師 （民航署、機電工程署）	助理電子工程師/ 電子工程師 （民航署、機電工程署）	一級	一級	及格
28	電子工程師（創新科技署）	助理電子工程師/電子工程師（創新科技署）	一級	一級	-
29	工程師	助理工程師/ 工程師	一級	一級	及格
30	娛樂事務管理主任	娛樂事務管理主任	二級	二級	及格
31	環境保護主任	助理環境保護主任/ 環境保護主任	二級	二級	及格
32	產業測量師	助理產業測量師/ 產業測量師	一級	一級	-
33	審查主任	審查主任	二級	二級	及格
34	行政主任	二級行政主任	二級	二級	及格
35	學術主任	學術主任	一級	一級	-
36	漁業主任	助理漁業主任/ 漁業主任	一級	一級	及格
37	警察福利主任	警察助理福利主任	二級	二級	-
38	林務主任	助理林務主任/ 林務主任	一級	一級	及格
39	土力工程師	助理土力工程師/ 土力工程師	一級	一級	及格
40	政府律師	政府律師	二級	一級	-
41	政府車輛事務經理	政府車輛事務經理	一級	一級	-
42	院務主任	二級院務主任	二級	二級	及格
43	新聞主任(美術設計)/(攝影)	助理新聞主任（美術設計）/ （攝影）	一級	一級	-
44	新聞主任（一般工作）	助理新聞主任（一般工作）	二級	二級	及格
45	破產管理主任	二級破產管理主任	二級	二級	及格
46	督學（學位）	助理督學（學位）	二級	二級	-
47	知識產權審查主任	二級知識產權審查主任	二級	二級	及格
48	投資促進主任	投資促進主任	二級	二級	-
49	勞工事務主任	二級助理勞工事務主任	二級	二級	及格
50	土地測量師	助理土地測量師/ 土地測量師	一級	一級	-

	職系	入職職級	英文運用	中文運用	能力傾向測試
51	園境師	助理園境師／園境師	一級	一級	及格
52	法律翻譯主任	法律翻譯主任	二級	二級	-
53	法律援助律師	法律援助律師	二級	一級	及格
54	圖書館館長	圖書館助理館長	二級	二級	及格
55	屋宇保養測量師	助理屋宇保養測量師／屋宇保養測量師	一級	一級	及格
56	管理參議主任	二級管理參議主任	二級	二級	及格
57	文化工作經理	文化工作副經理	二級	二級	及格
58	機械工程師	助理機械工程師／機械工程師	一級	一級	及格
59	醫生	醫生	一級	一級	-
60	職業環境衞生師	助理職業環境衞生師／職業環境衞生師	二級	二級	及格
61	法定語文主任	二級法定語文主任	二級	二級	-
62	民航事務主任（民航行政管理）	助理民航事務主任（民航行政管理）民航事務主任（民航行政管理）	二級	二級	及格
63	防治蟲鼠主任	助理防治蟲鼠主任／防治蟲鼠主任	一級	一級	及格
64	藥劑師	藥劑師	一級	一級	-
65	物理學家	物理學家	一級	一級	及格
66	規劃師	助理規劃師／規劃師	二級	二級	及格
67	小學學位教師	助理小學學位教師	二級	二級	-
68	工料測量師	助理工料測量師／工料測量師	一級	一級	及格
69	規管事務經理	規管事務經理	一級	一級	-
70	科學主任	科學主任	一級	一級	-
71	科學主任（醫務）（衞生署）	科學主任（醫務）（衞生署）	一級	一級	-
72	科學主任（醫務）（食物環境衞生署）	科學主任（醫務）（食物環境衞生署）	一級	一級	及格
73	管理值班工程師	管理值班工程師	一級	一級	-
74	船舶安全主任	船舶安全主任	一級	一級	-
75	即時傳譯主任	即時傳譯主任	二級	二級	-

PART ONE
輕鬆認識 CRE
PART TWO
基本法概覽
PART THREE
基本法全文
PART FOUR
模擬試題測驗

	職系	入職職級	英文運用	中文運用	能力傾向測試
76	社會工作主任	助理社會工作主任	二級	二級	及格
77	律師	律師	二級	一級	-
78	專責教育主任	二級專責教育主任	二級	二級	-
79	言語治療主任	言語治療主任	一級	一級	-
80	統計師	統計師	二級	二級	及格
81	結構工程師	助理結構工程師/ 結構工程師	一級	一級	及格
82	電訊工程師（香港警務處）	助理電訊工程師/ 電訊工程師（香港警務處）	一級	一級	-
83	電訊工程師（通訊事務管理局辦公室）	助理電訊工程師/ 電訊工程師（（通訊事務管理局辦公室））	一級	一級	及格
84	電訊工程師（香港電台）	高級電訊工程師/ 助理電訊工程師/ 電訊工程師（香港電台）	一級	一級	-
85	電訊工程師（消防處）	高級電訊工程師（消防處）	一級	一級	-
86	城市規劃師	助理城市規劃師/ 城市規劃師	二級	二級	及格
87	貿易主任	二級助理貿易主任	二級	二級	及格
88	訓練主任	二級訓練主任	二級	二級	及格
89	運輸主任	二級運輸主任	二級	二級	及格
90	庫務會計師	庫務會計師	二級	二級	及格
91	物業估價測量師	助理物業估價測量師/ 物業估價測量師	一級	一級	及格
92	水務化驗師	水務化驗師	一級	一級	及格

資料截至2016年3月

12 個最多公務員的部門

部門	實際人數
香港警務處	33217
消防處	10181
食物環境衛生署	10027
康樂及文化事務署	8860
房屋署	8508
入境事務處	7151
懲教署	6631
衛生署	5949
香港海關	5938
社會福利署	5701
郵政署	5060
教育局	5035
其他部門	54357
總數	**166615**

* 統計截至 2017 年 1 月 26 日止

基本法概覽一

背景

在1984年12月19日，中英兩國政府簽署了《中華人民共和國政府和大不列顛及北愛爾蘭聯合王國政府關於香港問題的中英聯合聲明》（下稱《聯合聲明》），當中載明中華人民共和國對香港的基本方針政策。根據「一國兩制」的原則，香港特別行政區不會實行社會主義制度和政策，香港原有的資本主義制度和生活方式，保持五十年不變。根據《聯合聲明》，這些基本方針政策將會規定於香港特別行政區基本法內。

《中華人民共和國香港特別行政區基本法》（下稱《基本法》）在1990年4月4日經中華人民共和國第七屆全國人民代表大會（下稱全國人民代表大會）通過，並已於1997年7月1日生效。

PART ONE
輕鬆認識 CRE

PART TWO
基本法概覽

PART THREE
基本法全文

PART FOUR
模擬試題測驗

有關文件

《基本法》是香港特別行政區的憲制性文件，它以法律的形式，訂明「一國兩制」、「高度自治」和「港人治港」等重要理念，亦訂明了在香港特別行政區實行的各項制度。

《基本法》包括以下章節－

(a) 《基本法》正文，包括九個章節，160條條文；

(b) 附件一，訂明香港特別行政區行政長官的產生辦法；

(c) 附件二，訂明香港特別行政區立法會的產生辦法和表決程序；及

(d) 附件三，列明在香港特別行政區實施的全國性法律。

起草過程

負責起草《基本法》的委員會，成員包括了香港和內地人士。而在1985年成立的基本法諮詢委員會，成員則全屬香港人士，他們負責在香港徵求公眾對基本法草案的意見。

1988年4月，基本法起草委員會公布首份草案，基本法諮詢委員會隨即進行為期五個月的諮詢公眾工作。第二份草案在1989年2月公布，諮詢工作則在1989年10月結束。《基本法》連同香港特別行政區區旗和區徽圖案，由全國人民代表大會於1990年4月4日正式頒布。

香港特別行政區的藍圖

　　《基本法》為香港特別行政區勾劃了發展藍圖。下文載述中華人民共和國對香港特別行政區的基本方針政策的主要條文。

總則

- 香港特別行政區實行高度自治，享有行政管理權、立法權、獨立的司法權和終審權。（參考《基本法》第2條）
- 香港特別行政區的行政機關和立法機關由香港永久性居民組成。（參考《基本法》第3條）
- 香港特別行政區不實行社會主義制度和政策，保持原有的資本主義制度和生活方式，五十年不變。（參考《基本法》第5條）
- 香港原有法律，即普通法、衡平法、條例、附屬立法和習慣法，除同《基本法》相抵觸或經香港特別行政區的立法機關作出修改者外，予以保留。（參考《基本法》第8條）

中央和香港特別行政區的關係

- 中央人民政府負責管理香港特別行政區的防務和外交事務。（參考《基本法》第13至14條）
- 中央人民政府授權香港特別行政區自行處理有關的對外事務。（參考《基本法》第13條）
- 香港特別行政區政府負責維持香港特別行政區的社會治安。（參考《基本法》第14條）

PART ONE
輕鬆認識 CRE

PART TWO
基本法概覽

PART THREE
基本法全文

PART FOUR
模擬試題測驗

- 全國性法律除列於《基本法》附件三者外，不在香港特別行政區實施。任何列於附件三的法律，限於有關國防、外交和其他不屬於香港特別行政區自治範圍的法律。凡列於附件三的法律，由香港特別行政區在當地公佈或立法實施。（參考《基本法》第18條）
- 中央人民政府所屬各部門、各省、自治區、直轄市均不得干預香港特別行政區根據《基本法》自行管理的事務。（參考《基本法》第22條）

保障權利和自由

- 香港特別行政區依法保護私有財產權。（參考《基本法》第6條）
- 香港居民在法律面前一律平等。香港特別行政區永久性居民依法享有選舉權和被選舉權。（參考《基本法》第25至26條）
- 香港居民的人身自由不受侵犯。（參考《基本法》第28條）
- 香港居民享有言論、新聞、出版的自由，結社、集會、遊行、示威、通訊、遷徙、信仰、宗教和婚姻自由，以及組織和參加工會、罷工的權利和自由。（參考《基本法》第27至38條）
- 《公民權利和政治權利國際公約》、《經濟、社會與文化權利的國際公約》和國際勞工公約適用於香港的有關規定繼續有效，通過香港特別行政區的法律予以實施。（參考《基本法》第39條）

政治體制
行政機關

- 香港特別行政區行政長官由年滿四十周歲,在香港通常居住連續滿二十年並在外國無居留權的香港特別行政區永久性居民中的中國公民擔任。(參考《基本法》第44條)

- 香港特別行政區行政長官在當地通過選舉或協商產生,由中央人民政府任命。行政長官的產生辦法根據香港特別行政區的實際情況和循序漸進的原則而規定,最終達至由一個有廣泛代表性的提名委員會按民主程序提名後普選產生的目標。(參考《基本法》第45條)

- 香港特別行政區政府必須遵守法律,對香港特別行政區立法會負責:執行立法會通過並已生效的法律;定期向立法會作施政報告;答覆立法會議員的質詢;徵稅和公共開支須經立法會批准。(參考《基本法》第64條)

立法機關

- 香港特別行政區立法會由選舉產生。立法會的產生辦法根據香港特別行政區的實際情況和循序漸進的原則而規定,最終達至全部議員由普選產生的目標。(參考《基本法》第68條)

- 香港特別行政區立法會的職權主要包括:
  - 制定、修改和廢除法律;
  - 根據政府的提案,審核、通過財政預算;
  - 批准稅收和公共開支;
  - 對政府的工作提出質詢;

PART ONE
輕鬆認識 CRE

PART TWO
基本法概覽

PART THREE
基本法全文

PART FOUR
模擬試題測驗

- 就任何有關公共利益問題進行辯論；
- 同意終審法院法官和高等法院首席法官的任免。（參考《基本法》第73條）

司法機關

- 香港特別行政區的終審權屬於香港特別行政區終審法院。終審法院可根據需要邀請其他普通法適用地區的法官參加審判。（參考《基本法》第82條）
- 香港特別行政區法院獨立進行審判，不受任何干涉。（參考《基本法》第85條）
- 原在香港實行的陪審制度的原則予以保留。任何人在被合法拘捕後，享有盡早接受司法機關公正審判的權利，未經司法機關判罪之前均假定無罪。（參考《基本法》第86至87條）
- 香港特別行政區可與中華人民共和國其他地區的司法機關通過協商依法進行司法方面的聯繫和相互提供協助。在中央人民政府協助或授權下，香港特別行政區政府可與外國就司法互助關係作出適當安排。（參考《基本法》第95至96條）

經濟

- 香港特別行政區保持自由港、單獨的關稅地區和國際金融中心的地位，繼續開放外匯、黃金、證券、期貨等市場和維持資金流動自由。（參考《基本法》第109/112/114/116條）
- 港元為香港特別行政區法定貨幣，繼續流通。港幣的發行權屬於香港特別行政區政府。（參考《基本法》第111條）

- 香港特別行政區實行自由貿易政策，保障貨物、無形財產和資本的流動自由。（參考《基本法》第115條）
- 香港特別行政區經中央人民政府授權繼續進行船舶登記，並以「中國香港」的名義頒發有關證件。香港特別行政區的私營航運及與航運有關的企業，可繼續自由經營。（參考《基本法》第125/127條）
- 香港特別行政區繼續實行原在香港實行的民用航空管理制度，並設置自己的飛機登記冊。香港特別行政區在中央人民政府的授權下，可與外國或地區談判簽訂民用航空運輸協定。（參考《基本法》第129至134條）

教育、科學、文化、體育、宗教、勞工和社會服務

- 香港特別行政區自行制定有關發展和改進教育、科學技術、文化、體育、社會福利和勞工的政策。（參考《基本法》第136至147條）
- 香港特別行政區的教育、科學、技術、文化、藝術、體育、專業、醫療衛生、勞工、社會福利、社會工作等方面的民間團體和宗教組織可同世界各國、各地區及國際的有關團體和組織保持和發展關係，各該團體和組織可根據需要冠用「中國香港」的名義，參與有關活動。（參考《基本法》第149條）

PART ONE
輕鬆認識 CRE

PART TWO
基本法概覽

PART THREE
基本法全文

PART FOUR
模擬試題測驗

對外事務

● 香港特別行政區可在經濟、貿易、金融、航運、通訊、旅遊、文化、體育等領域以「中國香港」的名義，單獨地同世界各國、各地區及有關國際組織保持和發展關係，簽訂和履行有關協議。（參考《基本法》第151條）

● 對以國家為單位參加的、同香港特別行政區有關的、適當領域的國際組織和國際會議，香港特別行政區政府可派遣代表作為中華人民共和國代表團的成員或以中央人民政府和上述有關國際組織或國際會議允許的身份參加，並以「中國香港」的名義發表意見。香港特別行政區可以「中國香港」的名義參加不以國家為單位參加的國際組織和國際會議。（參考《基本法》第152條）

● 中華人民共和國締結的國際協議，中央人民政府可根據香港特別行政區的情況和需要，在徵詢香港特別行政區政府的意見後，決定是否適用於香港特別行政區。中華人民共和國尚未參加但已適用於香港的國際協議仍可繼續適用。中央人民政府根據需要授權或協助香港特別行政區政府作出適當安排，使其他有關國際協議適用於香港特別行政區。（參考《基本法》第153條）

基本法的解釋和修改

《基本法》的解釋權屬於全國人民代表大會常務委員會。全國人民代表大會常務委員會授權香港特別行政區法院在審理案件時對《基本法》關於香港特別行政區自治範圍內的條款自行解釋。香港特別行政區法院在審理案件時對《基本法》的其他條款也可解釋。但如香港特別行政區法院在審理案件時需要對《基本法》關 於中央人民政府管理的事務或中央和香港特別行政區關係的條款進行解釋，而該條款的解釋又影響到案件的判決，在對該案件作出不可上訴的終局判決前，應由香港 特別行政區終審法院請全國人民代表大會常務委員會對有關條款作出解釋。（參考《基本法》第158條）

《基本法》的修改權屬於全國人民代表大會。《基本法》的任何修改，均不得同中華人民共和國對香港既定的基本方針政策相抵觸。（參考《基本法》第159條）

基本法全文一

中華人民共和國主席令

第二十六號

《中華人民共和國香港特別行政區基本法》，包括附件一：《香港特別行政區行政長官的產生辦法》，附件二：《香港特別行政區立法會的產生辦法和表決程序》，附件三：《在香港特別行政區實施的全國性法律》，以及香港特別行政區區旗、區徽圖案，已由中華人民共和國第七屆全國人民代表大會第三次會議於1990年4月4日通過，現予公佈，自1997年7月1日起實施。

中華人民共和國主席 楊尚昆

1990年4月4日

1990年4月4日通過，現予公佈，於1997年7月1日實施。

中華人民共和國香港特別行政區基本法

一九九〇年四月四日中華人民共和國

第七屆全國人民代表大會第三次會議通過

PART ONE
輕鬆認識 CRE

PART TWO
基本法概覽

PART THREE
基本法全文

PART FOUR
模擬試題測驗

第一章：總則

第一條

香港特別行政區是中華人民共和國不可分離的部分。

第二條

全國人民代表大會授權香港特別行政區依照本法的規定實行高度自治，享有行政管理權、立法權、獨立的司法權和終審權。

第三條

香港特別行政區的行政機關和立法機關由香港永久性居民依照本法有關規定組成。

第四條

香港特別行政區依法保障香港特別行政區居民和其他人的權利和自由。

第五條

香港特別行政區不實行社會主義制度和政策，保持原有的資本主義制度和生活方式，五十年不變。

第六條

香港特別行政區依法保護私有財產權。

第七條

香港特別行政區境內的土地和自然資源屬於國家所有,由香港特別行政區政府負責管理、使用、開發、出租或批給個人、法人或團體使用或開發,其收入全歸香港特別行政區政府支配。

第八條

香港原有法律,即普通法、衡平法、條例、附屬立法和習慣法,除同本法相抵觸或經香港特別行政區的立法機關作出修改者外,予以保留。

第九條

香港特別行政區的行政機關、立法機關和司法機關,除使用中文外,還可使用英文,英文也是正式語文。

PART ONE
輕鬆認識 CRE

PART TWO
基本法概覽

PART THREE
基本法全文

PART FOUR
模擬試題測驗

第十條

香港特別行政區除懸掛中華人民共和國國旗和國徽外，還可使用香港特別行政區區旗和區徽。

香港特別行政區的區旗是五星花蕊的紫荊花紅旗。

香港特別行政區的區徽，中間是五星花蕊的紫荊花，周圍寫有"中華人民共和國香港特別行政區"和英文"香港"。

第十一條

根據中華人民共和國憲法第三十一條，香港特別行政區的制度和政策，包括社會、經濟制度，有關保障居民的基本權利和自由的制度，行政管理、立法和司法方面的制度，以及有關政策，均以本法的規定為依據。

香港特別行政區立法機關制定的任何法律，均不得同本法相抵觸。

第二章:中央和香港特別行政區的關係

第十二條

香港特別行政區是中華人民共和國的一個享有高度自治權的地方行政區域,直轄於中央人民政府。

第十三條

中央人民政府負責管理與香港特別行政區有關的外交事務。

中華人民共和國外交部在香港設立機構處理外交事務。

中央人民政府授權香港特別行政區依照本法自行處理有關的對外事務。

第十四條

中央人民政府負責管理香港特別行政區的防務。

香港特別行政區政府負責維持香港特別行政區的社會治安。

中央人民政府派駐香港特別行政區負責防務的軍隊不干預香港特別行政區的地方事務。香港特別行政區政府在必要時,可向中央人民政府請求駐軍協助維持社會治安和救助災害。

駐軍人員除須遵守全國性的法律外,還須遵守香港特別行政區的法律。駐軍費用由中央人民政府負擔。

PART ONE
輕鬆認識 CRE

PART TWO
基本法概覽

PART THREE
基本法全文

PART FOUR
模擬試題測驗

第十五條

中央人民政府依照本法第四章的規定任命香港特別行政區行政長官和行政機關的主要官員。

第十六條

香港特別行政區享有行政管理權，依照本法的有關規定自行處理香港特別行政區的行政事務。

第十七條

香港特別行政區享有立法權。

香港特別行政區的立法機關制定的法律須報全國人民代表大會常務委員會備案。備案不影響該法律的生效。

全國人民代表大會常務委員會在徵詢其所屬的香港特別行政區基本法委員會後，如認為香港特別行政區立法機關制定的任何法律不符合本法關於中央管理的事務及中央 和香港特別行政區的關係的條款，可將有關法律發回，但不作修改。經全國人民代表大會常務委員會發回的法律立即失效。該法律的失效，除香港特別行政區的法律 另有規定外，無溯及力。

第十八條

在香港特別行政區實行的法律為本法以及本法第八條規定的香港原有法律和香港特別行政區立法機關制定的法律。

全國性法律除列於本法附件三者外，不在香港特別行政區實施。凡列於本法附件三之法律，由香港特別行政區在當地公佈或立法實施。

全國人民代表大會常務委員會在徵詢其所屬的香港特別行政區基本法委員會和香港特別行政區政府的意見後，可對列於本法附件三的法律作出增減，任何列入附件三的法律，限於有關國防、外交和其他按本法規定不屬於香港特別行政區自治範圍的法律。

全國人民代表大會常務委員會決定宣佈戰爭狀態或因香港特別行政區內發生香港特別行政區政府不能控制的危及國家統一或安全的動亂而決定香港特別行政區進入緊急狀態，中央人民政府可發佈命令將有關全國性法律在香港特別行政區實施。

第十九條

香港特別行政區享有獨立的司法權和終審權。

香港特別行政區法院除繼續保持香港原有法律制度和原則對法院審判權所作的限制外，對香港特別行政區所有的案件均有審判權。

香港特別行政區法院對國防、外交等國家行為無管轄權。香港特別行政區法院在審理案件中遇有涉及國防、外交等國家行為的事實問題，應取得行政長官就該等問題發出的證明文件，上述文件對法院有約束力。行政長官在發出證明文件前，須取得中央人民政府的證明書。

第二十條

香港特別行政區可享有全國人民代表大會和全國人民代表大會常務委員會及中央人民政府授予的其他權力。

第二十一條

香港特別行政區居民中的中國公民依法參與國家事務的管理。

根據全國人民代表大會確定的名額和代表產生辦法，由香港特別行政區居民中的中國公民在香港選出香港特別行政區的全國人民代表大會代表，參加最高國家權力機關的工作。

第二十二條

中央人民政府所屬各部門、各省、自治區、直轄市均不得干預香港特別行政區根據本法自行管理的事務。

中央各部門、各省、自治區、直轄市如需在香港特別行政區設立機構,須徵得香港特別行政區政府同意並經中央人民政府批准。

中央各部門、各省、自治區、直轄市在香港特別行政區設立的一切機構及其人員均須遵守香港特別行政區的法律。

中國其他地區的人進入香港特別行政區須辦理批准手續,其中進入香港特別行政區定居的人數由中央人民政府主管部門徵求香港特別行政區政府的意見後確定。

香港特別行政區可在北京設立辦事機構。

第二十三條

香港特別行政區應自行立法禁止任何叛國、分裂國家、煽動叛亂、顛覆中央人民政府及竊取國家機密的行為,禁止外國的政治性組織或團體在香港特別行政區進行政治活動,禁止香港特別行政區的政治性組織或團體與外國的政治性組織或團體建立聯繫。

第三章：居民的基本權利和義務

第二十四條

香港特別行政區居民，簡稱香港居民，包括永久性居民和非永久性居民。

香港特別行政區永久性居民為：

（一） 在香港特別行政區成立以前或以後在香港出生的中國公民；

（二） 在香港特別行政區成立以前或以後在香港通常居住連續七年以上的中國公民；

（三） 第（一）、（二）兩項所列居民在香港以外所生的中國籍子女；

（四） 在香港特別行政區成立以前或以後持有效旅行證件進入香港、在香港通常居住連續七年以上並以香港為永久居住地的非中國籍的人；

（五） 在香港特別行政區成立以前或以後第（四）項所列居民在香港所生的未滿二十一周歲的子女；

（六） 第（一）至（五）項所列居民以外在香港特別行政區成立以前只在香港有居留權的人；

以上居民在香港特別行政區享有居留權和有資格依照香港特別行政區法律取得載明其居留權的永久性居民身份證。

香港特別行政區非永久性居民為：有資格依照香港特別行政區法律取得香港居民身份證，但沒有居留權的人。

第二十五條

香港居民在法律面前一律平等。

第二十六條

香港特別行政區永久性居民依法享有選舉權和被選舉權。

第二十七條

香港居民享有言論、新聞、出版的自由，結社、集會、遊行、示威的自由，組織和參加工會、罷工的權利和自由。

第二十八條

香港居民的人身自由不受侵犯。

香港居民不受任意或非法逮捕、拘留、監禁。禁止任意或非法搜查居民的身體、剝奪或限制居民的人身自由。禁止對居民施行酷刑、任意或非法剝奪居民的生命。

第二十九條

香港居民的住宅和其他房屋不受侵犯。禁止任意或非法搜查、侵入居民的住宅和其他房屋。

PART ONE
輕鬆認識 CRE

PART TWO
基本法概覽

PART THREE
基本法全文

PART FOUR
模擬試題測驗

第三十條

香港居民的通訊自由和通訊秘密受法律的保護。除因公共安全和追查刑事犯罪的需要，由有關機關依照法律程序對通訊進行檢查外，任何部門或個人不得以任何理由侵犯居民的通訊自由和通訊秘密。

第三十一條

香港居民有在香港特別行政區境內遷徙的自由，有移居其他國家和地區的自由。香港居民有旅行和出入境的自由。有效旅行證件的持有人，除非受到法律制止，可自由離開香港特別行政區，無需特別批准。

第三十二條

香港居民有信仰的自由。

香港居民有宗教信仰的自由，有公開傳教和舉行、參加宗教活動的自由。

第三十三條

香港居民有選擇職業的自由。

第三十四條

香港居民有進行學術研究、文學藝術創作和其他文化活動的自由。

第三十五條

香港居民有權得到秘密法律諮詢、向法院提起訴訟、選擇律師及時保護自己的合法權益或在法庭上為其代理和獲得司法補救。

香港居民有權對行政部門和行政人員的行為向法院提起訴訟。

第三十六條

香港居民有依法享受社會福利的權利。勞工的福利待遇和退休保障受法律保護。

第三十七條

香港居民的婚姻自由和自願生育的權利受法律保護。

第三十八條

香港居民享有香港特別行政區法律保障的其他權利和自由。

PART ONE
輕鬆認識 CRE

PART TWO
基本法概覽

PART **THREE**
基本法全文

PART FOUR
模擬試題測驗

第三十九條

《公民權利和政治權利國際公約》、《經濟、社會與文化權利的國際公約》和國際勞工公約適用於香港的有關規定繼續有效，通過香港特別行政區的法律予以實施。

香港居民享有的權利和自由，除依法規定外不得限制，此種限制不得與本條第一款規定抵觸。

第四十條

"新界"原居民的合法傳統權益受香港特別行政區的保護。

第四十一條

在香港特別行政區境內的香港居民以外的其他人，依法享有本章規定的香港居民的權利和自由。

第四十二條

香港居民和在香港的其他人有遵守香港特別行政區實行的法律的義務。

第四章：政治體制

第一節：行政長官

第四十三條

香港特別行政區行政長官是香港特別行政區的首長，代表香港特別行政區。

香港特別行政區行政長官依照本法的規定對中央人民政府和香港特別行政區負責。

第四十四條

香港特別行政區行政長官由年滿四十周歲，在香港通常居住連續滿二十年並在外國無居留權的香港特別行政區永久性居民中的中國公民擔任。

第四十五條

香港特別行政區行政長官在當地通過選舉或協商產生，由中央人民政府任命。

行政長官的產生辦法根據香港特別行政區的實際情況和循序漸進的原則而規定，最終達至由一個有廣泛代表性的提名委員會按民主程序提名後普選產生的目標。

行政長官產生的具體辦法由附件一《香港特別行政區行政長官的產生辦法》規定。

PART ONE
輕鬆認識 CRE

PART TWO
基本法概覽

PART THREE
基本法全文

PART FOUR
模擬試題測驗

第四十六條

香港特別行政區行政長官任期五年，可連任一次。

第四十七條

香港特別行政區行政長官必須廉潔奉公、盡忠職守。

行政長官就任時應向香港特別行政區終審法院首席法官申報財產，記錄在案。

第四十八條

香港特別行政區行政長官行使下列職權：

（一） 領導香港特別行政區政府；

（二） 負責執行本法和依照本法適用於香港特別行政區的其他法律；

（三） 簽署立法會通過的法案，公佈法律；簽署立法會通過的財政預算案，將財政預算、決算報中央人民政府備案；

（四） 決定政府政策和發佈行政命令；

（五） 提名並報請中央人民政府任命下列主要官員：各司司長、副司長，各局局長，廉政專員，審計署署長，警務處處長，入境事務處處長，海關關長；建議中央人民政府免除上述官員職務；

（六） 依照法定程序任免各級法院法官；

（七） 依照法定程序任免公職人員；

（八） 執行中央人民政府就本法規定的有關事務發出的指令；

（九） 代表香港特別行政區政府處理中央授權的對外事務和其他事務；

（十） 批准向立法會提出有關財政收入或支出的動議；

（十一）根據安全和重大公共利益的考慮，決定政府官員或其他負責政府公務的人員是否向立法會或其屬下的委員會作證和提供證據；

（十二）赦免或減輕刑事罪犯的刑罰；

（十三）處理請願、申訴事項。

第四十九條

香港特別行政區行政長官如認為立法會通過的法案不符合香港特別行政區的整體利益，可在三個月內將法案發回立法會重議，立法會如以不少於全體議員三分之二多數再次通過原案，行政長官必須在一個月內簽署公佈或按本法第五十條的規定處理。

第五十條

香港特別行政區行政長官如拒絕簽署立法會再次通過的法案或立法會拒絕通過政府提出的財政預算案或其他重要法案，經協商仍不能取得一致意見，行政長官可解散立法會。

行政長官在解散立法會前，須徵詢行政會議的意見。行政長官在其一任任期內只能解散立法會一次。

第五十一條

香港特別行政區立法會如拒絕批准政府提出的財政預算案，行政長官可向立法會申請臨時撥款。如果由於立法會已被解散而不能批准撥款，行政長官可在選出新的立法會前的一段時期內，按上一財政年度的開支標準，批准臨時短期撥款。

第五十二條

香港特別行政區行政長官如有下列情況之一者必須辭職：

（一）因嚴重疾病或其他原因無力履行職務；

（二）因兩次拒絕簽署立法會通過的法案而解散立法會，重選的立法會仍以全體議員三分之二多數通過所爭議的原案，而行政長官仍拒絕簽署；

（三）因立法會拒絕通過財政預算案或其他重要法案而解散立法會，重選的立法會繼續拒絕通過所爭議的原案。

第五十三條

香港特別行政區行政長官短期不能履行職務時，由政務司長、財政司長、律政司長依次臨時代理其職務。

行政長官缺位時，應在六個月內依本法第四十五條的規定產生新的行政長官。行政長官缺位期間的職務代理，依照上款規定辦理。

第五十四條

香港特別行政區行政會議是協助行政長官決策的機構。

第五十五條

香港特別行政區行政會議的成員由行政長官從行政機關的主要官員、立法會議員和社會人士中委任，其任免由行政長官決定。行政會議成員的任期應不超過委任他的行政長官的任期。

香港特別行政區行政會議成員由在外國無居留權的香港特別行政區永久性居民中的中國公民擔任。

行政長官認為必要時可邀請有關人士列席會議。

PART ONE
輕鬆認識 CRE

PART TWO
基本法概覽

PART THREE
基本法全文

PART FOUR
模擬試題測驗

第五十六條

香港特別行政區行政會議由行政長官主持。

行政長官在作出重要決策、向立法會提交法案、制定附屬法規和解散立法會前，須徵詢行政會議的意見，但人事任免、紀律制裁和緊急情況下採取的措施除外。

行政長官如不採納行政會議多數成員的意見，應將具體理由記錄在案。

第五十七條

香港特別行政區設立廉政公署，獨立工作，對行政長官負責。

第五十八條

香港特別行政區設立審計署，獨立工作，對行政長官負責。

第二節：行政機關

第五十九條

香港特別行政區政府是香港特別行政區行政機關。

第六十條

香港特別行政區政府的首長是香港特別行政區行政長官。

香港特別行政區政府設政務司、財政司、律政司、和各局、處、署。

第六十一條

香港特別行政區的主要官員由在香港通常居住連續滿十五年並在外國無居留權的香港特別行政區永久性居民中的中國公民擔任。

第六十二條

香港特別行政區政府行使下列職權：

（一） 制定並執行政策；

（二） 管理各項行政事務；

（三） 辦理本法規定的中央人民政府授權的對外事務；

（四） 編制並提出財政預算、決算；

（五） 擬定並提出法案、議案、附屬法規；

（六） 委派官員列席立法會並代表政府發言。

第六十三條

香港特別行政區律政司主管刑事檢察工作，不受任何干涉。

第六十四條

香港特別行政區政府必須遵守法律，對香港特別行政區立法會負責：執行立法會通過並已生效的法律；定期向立法會作施政報告；答覆立法會議員的質詢；徵稅和公共開支須經立法會批准。

PART ONE
輕鬆認識 CRE

PART TWO
基本法概覽

PART THREE
基本法全文

PART FOUR
模擬試題測驗

第六十五條

原由行政機關設立諮詢組織的制度繼續保留。

第三節：立法機關

第六十六條

香港特別行政區立法會是香港特別行政區的立法機關。

第六十七條

香港特別行政區立法會由在外國無居留權的香港特別行政區永久性居民中的中國公民組成。但非中國籍的香港特別行政區永久性居民和在外國有居留權的香港特別行政區永久性居民也可以當選為香港特別行政區立法會議員，其所佔比例不得超過立法會全體議員的百分之二十。

第六十八條

香港特別行政區立法會由選舉產生。

立法會的產生辦法根據香港特別行政區的實際情況和循序漸進的原則而規定，最終達至全部議員由普選產生的目標。

立法會產生的具體辦法和法案、議案的表決程序由附件二《香港特別行政區立法會的產生辦法和表決程序》規定。

第六十九條

香港特別行政區立法會除第一屆任期為兩年外，每屆任期四年。

第七十條

香港特別行政區立法會如經行政長官依本法規定解散，須於三個月內依本法第六十八條的規定，重行選舉產生。

第七十一條

香港特別行政區立法會主席由立法會議員互選產生。

香港特別行政區立法會主席由年滿四十周歲，在香港通常居住連續滿二十年並在外國無居留權的香港特別行政區永久性居民中的中國公民擔任。

PART ONE
輕鬆認識 CRE

PART TWO
基本法概覽

PART THREE
基本法全文

PART FOUR
模擬試題測驗

第七十二條

香港特別行政區立法會主席行使下列職權：

（一） 主持會議；

（二） 決定議程，政府提出的議案須優先列入議程；

（三） 決定開會時間；

（四） 在休會期間可召開特別會議；

（五） 應行政長官的要求召開緊急會議；

（六） 立法會議事規則所規定的其他職權。

第七十三條

香港特別行政區立法會行使下列職權:

(一) 根據本法規定並依照法定程序制定、修改和廢除法律;

(二) 根據政府的提案,審核、通過財政預算;

(三) 批准稅收和公共開支;

(四) 聽取行政長官的施政報告並進行辯論;

(五) 對政府的工作提出質詢;

(六) 就任何有關公共利益問題進行辯論;

(七) 同意終審法院法官和高等法院首席法官的任免;

(八) 接受香港居民申訴並作出處理;

(九) 如立法會全體議員的四分之一聯合動議,指控行政長官有嚴重違法或瀆職行為而不辭職,經立法會通過進行調查,立法會可委托終審法院首席法官負責組成獨立的調查委員會,並擔任主席。調查委員會負責進行調查,並向立法會提出報告。如該調查委員會認為有足夠證據構成上述指控,立法會以全體議員三分之二多數通過,可提出彈劾案,報請中央人民政府決定;

(十) 在行使上述各項職權時,如有需要,可傳召有關人士出席作證和提供證據。

PART ONE
輕鬆認識 CRE

PART TWO
基本法概覽

PART THREE
基本法全文

PART FOUR
模擬試題測驗

第七十四條

香港特別行政區立法會議員根據本法規定並依照法定程序提出法律草案，凡不涉及公共開支或政治體制或政府運作者，可由立法會議員個別或聯名提出。凡涉及政府政策者，在提出前必須得到行政長官的書面同意。

第七十五條

香港特別行政區立法會舉行會議的法定人數為不少於全體議員的二分之一。

立法會議事規則由立法會自行制定，但不得與本法相抵觸。

第七十六條

香港特別行政區立法會通過的法案，須經行政長官簽署、公佈，方能生效。

第七十七條

香港特別行政區立法會議員在立法會的會議上發言，不受法律追究。

第七十八條

香港特別行政區立法會議員出席會議時和赴會途中不受逮捕。

第七十九條

香港特別行政區立法會議員如有下列情況之一，由立法會主席宣告其喪失立法會議員的資格：

（一）　因嚴重疾病或其他情況無力履行職務；

（二）　未得到立法會主席的同意，連續三個月不出席會議而無合理解釋者；

（三）　喪失或放棄香港特別行政區永久性居民的身份；

（四）　接受政府的委任而出任公務人員；

（五）　破產或經法庭裁定償還債務而不履行；

（六）　在香港特別行政區區內或區外被判犯有刑事罪行，判處監禁一個月以上，並經立法會出席會議的議員三分之二通過解除其職務；

（七）　行為不檢或違反誓言而經立法會出席會議的議員三分之二通過譴責。

PART ONE
輕鬆認識 CRE

PART TWO
基本法概覽

PART THREE
基本法全文

PART FOUR
模擬試題測驗

第四節：司法機關

第八十條

香港特別行政區各級法院是香港特別行政區的司法機關，行使香港特別行政區的審判權。

第八十一條

香港特別行政區設立終審法院、高等法院、區域法院、裁判署法庭和其他專門法庭。高等法院設上訴法庭和原訟法庭。

原在香港實行的司法體制，除因設立香港特別行政區終審法院而產生變化外，予以保留。

第八十二條

香港特別行政區的終審權屬於香港特別行政區終審法院。終審法院可根據需要邀請其他普通法適用地區的法官參加審判。

第八十三條

香港特別行政區的各級法院的組織和職權由法律規定。

第八十四條

香港特別行政區法院依照本法第十八條所規定的適用於香港特別行政區的法律審判案件，其他普通法適用地區的司法判例可作參考。

第八十五條

香港特別行政區法院獨立進行審判，不受任何干涉，司法人員履行審判職責的行為不受法律追究。

第八十六條

原在香港實行的陪審制度的原則予以保留。

第八十七條

香港特別行政區的刑事訴訟和民事訴訟中保留原在香港適用的原則和當事人享有的權利。

任何人在被合法拘捕後，享有盡早接受司法機關公正審判的權利，未經司法機關判罪之前均假定無罪。

第八十八條

香港特別行政區法院的法官，根據當地法官和法律界及其他方面知名人士組成的獨立委員會推薦，由行政長官任命。

第八十九條

香港特別行政區法院的法官只有在無力履行職責或行為不檢的情況下，行政長官才可根據終審法院首席法官任命的不少於三名當地法官組成的審議庭的建議，予以免職。

香港特別行政區終審法院的首席法官只有在無力履行職責或行為不檢的情況下，行政長官才可任命不少於五名當地法官組成的審議庭進行審議，並可根據其建議，依照本法規定的程序，予以免職。

第九十條

香港特別行政區終審法院和高等法院的首席法官，應由在外國無居留權的香港特別行政區永久性居民中的中國公民擔任。

除本法第八十八條和第八十九條規定的程序外，香港特別行政區終審法院的法官和高等法院首席法官的任命或免職，還須由行政長官徵得立法會同意，並報全國人民代表大會常務委員會備案。

第九十一條

香港特別行政區法官以外的其他司法人員原有的任免制度繼續保持。

第九十二條

香港特別行政區的法官和其他司法人員，應根據其本人的司法和專業才能選用，並可從其他普通法適用地區聘用。

第九十三條

香港特別行政區成立前在香港任職的法官和其他司法人員均可留用，其年資予以保留，薪金、津貼、福利待遇和服務條件不低於原來的標準。

對退休或符合規定離職的法官和其他司法人員，包括香港特別行政區成立前已退休或離職者，不論其所屬國籍或居住地點，香港特別行政區政府按不低於原來的標準，向他們或其家屬支付應得的退休金、酬金、津貼和福利費。

第九十四條

香港特別行政區政府可參照原在香港實行的辦法，作出有關當地和外來的律師在香港特別行政區工作和執業的規定。

第九十五條

香港特別行政區可與全國其他地區的司法機關通過協商依法進行司法方面的聯繫和相互提供協助。

PART ONE
輕鬆認識 CRE

PART TWO
基本法概覽

PART THREE
基本法全文

PART FOUR
模擬試題測驗

第九十六條

在中央人民政府協助或授權下，香港特別行政區政府可與外國就司法互助關係作出適當安排。

第五節：區域組織

第九十七條

香港特別行政區可設立非政權性的區域組織，接受香港特別行政區政府就有關地區管理和其他事務的諮詢，或負責提供文化、康樂、環境衛生等服務。

第九十八條

區域組織的職權和組成方法由法律規定。

第六節：公務人員

第九十九條

在香港特別行政區政府各部門任職的公務人員必須是香港特別行政區永久性居民。本法第一百零一條對外籍公務人員另有規定者或法律規定某一職級以下者不在此限。

公務人員必須盡忠職守，對香港特別行政區政府負責。

第一百條

香港特別行政區成立前在香港政府各部門，包括警察部門任職的公務人員均可留用，其年資予以保留，薪金、津貼、福利待遇和服務條件不低於原來的標準。

第一百零一條

香港特別行政區政府可任用原香港公務人員中的或持有香港特別行政區永久性居民身份證的英籍和其他外籍人士擔任政府部門的各級公務人員，但下列各職級的官員必須由在外國無居留權的香港特別行政區永久性居民中的中國公民擔任：各司司長、副司長，各局局長，廉政專員，審計署署長，警務處處長，入境事務處處長，海關關長。

香港特別行政區政府還可聘請英籍和其他外籍人士擔任政府部門的顧問，必要時並可從香港特別行政區以外聘請合格人員擔任政府部門的專門和技術職務。上述外籍人士只能以個人身份受聘，對香港特別行政區政府負責。

第一百零二條

對退休或符合規定離職的公務人員，包括香港特別行政區成立前退休或符合規定離職的公務人員，不論其所屬國籍或居住地點，香港特別行政區政府按不低於原來的標準向他們或其家屬支付應得的退休金、酬金、津貼和福利費。

第一百零三條

公務人員應根據其本人的資格、經驗和才能予以任用和提升，香港原有關於公務人員的招聘、僱用、考核、紀律、培訓和管理的制度，包括負責公務人員的任用、薪金、服務條件的專門機構，除有關給予外籍人員特權待遇的規定外，予以保留。

第一百零四條

香港特別行政區行政長官、主要官員、行政會議成員、立法會議員、各級法院法官和其他司法人員在就職時必須依法宣誓擁護中華人民共和國香港特別行政區基本法，效忠中華人民共和國香港特別行政區。

第五章：經濟

第一節：財政、金融、貿易和工商業
第一百零五條

香港特別行政區依法保護私人和法人財產的取得、使用、處置和繼承的權利，以及依法徵用私人和法人財產時被徵用財產的所有人得到補償的權利。

徵用財產的補償應相當於該財產當時的實際價值，可自由兌換，不得無故遲延支付。

企業所有權和外來投資均受法律保護。

第一百零六條

香港特別行政區保持財政獨立。

香港特別行政區的財政收入全部用於自身需要，不上繳中央人民政府。

中央人民政府不在香港特別行政區徵稅。

第一百零七條

香港特別行政區的財政預算以量入為出為原則，力求收支平衡，避免赤字，並與本地生產總值的增長率相適應。

第一百零八條

香港特別行政區實行獨立的稅收制度。

香港特別行政區參照原在香港實行的低稅政策，自行立法規定稅種、稅率、稅收寬免和其他稅務事項。

第一百零九條

香港特別行政區政府提供適當的經濟和法律環境，以保持香港的國際金融中心地位。

第一百一十條

香港特別行政區的貨幣金融制度由法律規定。

香港特別行政區政府自行制定貨幣金融政策，保障金融企業和金融市場的經營自由，並依法進行管理和監督。

第一百一十一條

港元為香港特別行政區法定貨幣，繼續流通。

港幣的發行權屬於香港特別行政區政府。港幣的發行須有百分之百的準備金。港幣的發行制度和準備金制度，由法律規定。

香港特別行政區政府，在確知港幣的發行基礎健全和發行安排符合保持港幣穩定的目的的條件下，可授權指定銀行根據法定權限發行或繼續發行港幣。

第一百一十二條

香港特別行政區不實行外匯管制政策。港幣自由兌換。繼續開放外匯、黃金、證券、期貨等市場。

香港特別行政區政府保障資金的流動和進出自由。

第一百一十三條

香港特別行政區的外匯基金，由香港特別行政區政府管理和支配，主要用於調節港元匯價。

第一百一十四條

香港特別行政區保持自由港地位，除法律另有規定外，不徵收關稅。

第一百一十五條

香港特別行政區實行自由貿易政策，保障貨物、無形財產和資本的流動自由。

PART ONE
輕鬆認識 CRE

PART TWO
基本法概覽

PART THREE
基本法全文

PART FOUR
模擬試題測驗

第一百一十六條

香港特別行政區為單獨的關稅地區。

香港特別行政區可以「中國香港」的名義參加《關稅和貿易總協定》、關於國際紡織品貿易安排等有關國際組織和國際貿易協定，包括優惠貿易安排。

香港特別行政區所取得的和以前取得仍繼續有效的出口配額、關稅優惠和達成的其他類似安排，全由香港特別行政區享有。

第一百一十七條

香港特別行政區根據當時的產地規則，可對產品簽發產地來源證。

第一百一十八條

香港特別行政區政府提供經濟和法律環境，鼓勵各項投資、技術進步並開發新興產業。

第一百一十九條

香港特別行政區政府制定適當政策，促進和協調製造業、商業、旅遊業、房地產業、運輸業、公用事業、服務性行業、漁農業等各行業的發展，並注意環境保護。

第二節：土地契約

第一百二十條

香港特別行政區成立以前已批出、決定、或續期的超越一九九七年六月三十日年期的所有土地契約和與土地契約有關的一切權利，均按香港特別行政區的法律繼續予以承認和保護。

第一百二十一條

從一九八五年五月二十七日至一九九七年六月三十日期間批出的，或原沒有續期權利而獲得續期的，超出一九九七年六月三十日年期而不超過二〇四七年六月三十日的一切土地契約，承租人從一九九七年七月一日起 不補地價，但需每年繳納相當於當日該土地應課差餉租值百分之三的租金。此後，隨應課差餉租值的改變而調整租金。

第一百二十二條

原舊批約地段、鄉村屋地、丁屋地和類似的農村土地，如該土地在一九八四年六月三十日的承租人，或在該日以後批出的丁屋地承租人，其父系為一八九八年在香港的原有鄉村居民，只要該土地的承租人仍為該人或其合法父系繼承人，原定租金維持不變。

PART ONE
輕鬆認識 CRE

PART TWO
基本法概覽

PART THREE
基本法全文

PART FOUR
模擬試題測驗

第一百二十三條

香港特別行政區成立以後滿期而沒有續期權利的土地契約，由香港特別行政區自行制定法律和政策處理。

第三節：航運

第一百二十四條

香港特別行政區保持原在香港實行的航運經營和管理體制，包括有關海員的管理制度。

香港特別行政區政府自行規定在航運方面的具體職能和責任。

第一百二十五條

香港特別行政區經中央人民政府授權繼續進行船舶登記，並根據香港特別行政區的法律以「中國香港」的名義頒發有關證件。

第一百二十六條

除外國軍用船隻進入香港特別行政區須經中央人民政府特別許可外，其他船舶可根據香港特別行政區法律進出其港口。

第一百二十七條

香港特別行政區的私營航運及與航運有關的企業和私營集裝箱碼頭，可繼續自由經營。

第四節：民用航空

第一百二十八條

香港特別行政區政府應提供條件和採取措施，以保持香港的國際和區域航空中心的地位。

第一百二十九條

香港特別行政區繼續實行原在香港實行的民用航空管理制度，並按中央人民政府關於飛機國籍標誌和登記標誌的規定，設置自己的飛機登記冊。

外國國家航空器進入香港特別行政區須經中央人民政府特別許可。

第一百三十條

香港特別行政區自行負責民用航空的日常業務和技術管理，包括機場管理，在香港特別行政區飛行情報區內提供空中交通服務，和履行國際民用航空組織的區域性航行規劃程序所規定的其他職責。

PART ONE
輕鬆認識 CRE

PART TWO
基本法概覽

PART THREE
基本法全文

PART FOUR
模擬試題測驗

第一百三十一條

中央人民政府經同香港特別行政區政府磋商作出安排,為在香港特別行政區註冊並以香港為主要營業地的航空公司和中華人民共和國的其他航空公司,提供香港特別行政區和中華人民共和國其他地區之間的往返航班。

第一百三十二條

凡涉及中華人民共和國其他地區同其他國家和地區的往返並經停香港特別行政區的航班,和涉及香港特別行政區同其他國家和地區的往返並經停中華人民共和國其他地區航班的民用航空運輸協定,由中央人民政府簽訂。

中央人民政府在簽訂本條第一款所指民用航空運輸協定時,應考慮香港特別行政區的特殊情況和經濟利益,並同香港特別行政區政府磋商。

中央人民政府在同外國政府商談有關本條第一款所指航班的安排時,香港特別行政區政府的代表可作為中華人民共和國政府代表團的成員參加。

第一百三十三條

香港特別行政區政府經中央人民政府具體授權可:

（一） 續簽或修改原有的民用航空運輸協定和協議;

（二） 談判簽訂新的民用航空運輸協定,為在香港特別行政區註冊並以香港為主要營業地的航空公司提供航線,以及過境和技術停降權利;

（三） 同沒有簽訂民用航空運輸協定的外國或地區談判簽訂臨時協議。

不涉及往返、經停中國內地而只往返、經停香港的定期航班,均由本條所指的民用航空運輸協定或臨時協議予以規定。

第一百三十四條

中央人民政府授權香港特別行政區政府：

（一）同其他當局商談並簽訂有關執行本法第一百三十三條所指民用航空運輸協定和臨時協議的各項安排；

（二）對在香港特別行政區註冊並以香港為主要營業地的航空公司簽發執照；

（三）依照本法第一百三十三條所指民用航空運輸協定和臨時協議指定航空公司；

（四）對外國航空公司除往返、經停中國內地的航班以外的其他航班簽發許可證。

第一百三十五條

香港特別行政區成立前在香港註冊並以香港為主要營業地的航空公司和與民用航空有關的行業，可繼續經營。

第六章：教育、科學、文化、體育、宗教、勞工和社會服務

第一百三十六條

香港特別行政區政府在原有教育制度的基礎上，自行制定有關教育的發展和改進的政策，包括教育體制和管理、教學語言、經費分配、考試制度、學位制度和承認學歷等政策。

社會團體和私人可依法在香港特別行政區興辦各種教育事業。

第一百三十七條

各類院校均可保留其自主性並享有學術自由，可繼續從香港特別行政區以外招聘教職員和選用教材。宗教組織所辦的學校可繼續提供宗教教育，包括開設宗教課程。

學生享有選擇院校和在香港特別行政區以外求學的自由。

第一百三十八條

香港特別行政區政府自行制定發展中西醫藥和促進醫療衛生服務的政策。社會團體和私人可依法提供各種醫療衛生服務。

第一百三十九條

香港特別行政區政府自行制定科學技術政策，以法律保護科學技術的研究成果、專利和發明創造。

香港特別行政區政府自行確定適用於香港的各類科學、技術標準和規格。

第一百四十條

香港特別行政區政府自行制定文化政策，以法律保護作者在文學藝術創作中所獲得的成果和合法權益。

第一百四十一條

香港特別行政區政府不限制宗教信仰自由，不干預宗教組織的內部事務，不限制與香港特別行政區法律沒有抵觸的宗教活動。

宗教組織依法享有財產的取得、使用、處置、繼承以及接受資助的權利。財產方面的原有權益仍予保持和保護。

宗教組織可按原有辦法繼續興辦宗教院校、其他學校、醫院和福利機構以及提供其他社會服務。

香港特別行政區的宗教組織和教徒可與其他地方的宗教組織和教徒保持和發展關係。

第一百四十二條

香港特別行政區政府在保留原有的專業制度的基礎上，自行制定有關評審各種專業的執業資格的辦法。

在香港特別行政區成立前已取得專業和執業資格者，可依據有關規定和專業守則保留原有的資格。

香港特別行政區政府繼續承認在特別行政區成立前已承認的專業和專業團體，所承認的專業團體可自行審核和頒授專業資格。

香港特別行政區政府可根據社會發展需要並諮詢有關方面的意見，承認新的專業和專業團體。

第一百四十三條

香港特別行政區政府自行制定體育政策。民間體育團體可依法繼續存在和發展。

第一百四十四條

香港特別行政區政府保持原在香港實行的對教育、醫療衛生、文化、藝術、康樂、體育、社會福利、社會工作等方面的民間團體機構的資助政策。原在香港各資助機構任職的人員均可根據原有制度繼續受聘。

PART ONE
輕鬆認識 CRE

PART TWO
基本法概覽

PART THREE
基本法全文

PART FOUR
模擬試題測驗

第一百四十五條

香港特別行政區政府在原有社會福利制度的基礎上，根據經濟條件和社會需要，自行制定其發展、改進的政策。

第一百四十六條

香港特別行政區從事社會服務的志願團體在不抵觸法律的情況下可自行決定其服務方式。

第一百四十七條

香港特別行政區自行制定有關勞工的法律和政策。

第一百四十八條

香港特別行政區的教育、科學、技術、文化、藝術、體育、專業、醫療衛生、勞工、社會福利、社會工作等方面的民間團體和宗教組織同內地相應的團體和組織的關係，應以互不隸屬、互不干涉和互相尊重的原則為基礎。

第一百四十九條

香港特別行政區的教育、科學、技術、文化、藝術、體育、專業、醫療衛生、勞工、社會福利、社會工作等方面的民間團體和宗教組織可同世界各國、各地區及國際的有關團體和組織保持和發展關係，各該團體和組織可根據需要冠用「中國香港」的名義，參與有關活動。

PART ONE
輕鬆認識 CRE

PART TWO
基本法概覽

PART THREE
基本法全文

PART FOUR
模擬試題測驗

第七章：對外事務

第一百五十條

香港特別行政區政府的代表，可作為中華人民共和國政府代表團的成員，參加由中央人民政府進行的同香港特別行政區直接有關的外交談判。

第一百五十一條

香港特別行政區可在經濟、貿易、金融、航運、通訊、旅遊、文化、體育等領域以「中國香港」的名義，單獨地同世界各國、各地區及有關國際組織保持和發展關係，簽訂和履行有關協議。

第一百五十二條

對以國家為單位參加的、同香港特別行政區有關的、適當領域的國際組織和國際會議，香港特別行政區政府可派遣代表作為中華人民共和國代表團的成員或以中央人民政府和上述有關國際組織或國際會議允許的身份參加，並以「中國香港」的名義發表意見。

香港特別行政區可以「中國香港」的名義參加不以國家為單位參加的國際組織和國際會議。

對中華人民共和國已參加而香港也以某種形式參加了的國際組織，中央人民政府將採取必要措施使香港特別行政區以適當形式繼續保持在這些組織中的地位。

對中華人民共和國尚未參加而香港已以某種形式參加的國際組織，中央人民政府將根據需要使香港特別行政區以適當形式繼續參加這些組織。

第一百五十三條

中華人民共和國締結的國際協議，中央人民政府可根據香港特別行政區的情況和需要，在徵詢香港特別行政區政府的意見後，決定是否適用於香港特別行政區。

中華人民共和國尚未參加但已適用於香港的國際協議仍可繼續適用。中央人民政府根據需要授權或協助香港特別行政區政府作出適當安排，使其他有關國際協議適用於香港特別行政區。

第一百五十四條

中央人民政府授權香港特別行政區政府依照法律給持有香港特別行政區永久性居民身份證的中國公民簽發中華人民共和國香港特別行政區護照，給在香港特別行政區的其他合法居留者簽發中華人民共和國香港特別行政區的其他旅 行證件。上述護照和證件，前往各國和各地區有效，並載明持有人有返回香港特別行政區的權利。

PART ONE
輕鬆認識 CRE

PART TWO
基本法概覽

PART THREE
基本法全文

PART FOUR
模擬試題測驗

對世界各國或各地區的人入境、逗留和離境，香港特別行政區政府可實行出入境管制。

第一百五十五條

中央人民政府協助或授權香港特別行政區政府與各國或各地區締結互免簽證協議。

第一百五十六條

香港特別行政區可根據需要在外國設立官方或半官方的經濟和貿易機構，報中央人民政府備案。

第一百五十七條

外國在香港特別行政區設立領事機構或其他官方、半官方機構，須經中央人民政府批准。

已同中華人民共和國建立正式外交關係的國家在香港設立的領事機構和其他官方機構，可予保留。

尚未同中華人民共和國建立正式外交關係的國家在香港設立的領事機構和其他官方機構，可根據情況允許保留或改為半官方機構。

尚未為中華人民共和國承認的國家，只能在香港特別行政區設立民間機構。

第八章: 本法的解釋和修改

第一百五十八條

本法的解釋權屬於全國人民代表大會常務委員會。

全國人民代表大會常務委員會授權香港特別行政區法院在審理案件時對本法關於香港特別行政區自治範圍內的條款自行解釋。

香港特別行政區法院在審理案件時對本法的其他條款也可解釋。但如香港特別行政區法院在審理案件時需要對本法關於中央人民政府管理的事務或中央和香港特別行政區關係的條款進行解釋，而該條款的解釋又影響到案件的判決，在對該案件作出不可上訴的終局判決前，應由香港特別行政區終審法院請全國人民代表大會常務委員會對有關條款作出解釋。如全國人民代表大會常務委員會作出解釋，香港特別行政區法院在引用該條款時，應以全國人民代表大會常務委員會的解釋為準。但在此以前作出的判決不受影響。

全國人民代表大會常務委員會在對本法進行解釋前，徵詢其所屬的香港特別行政區基本法委員會的意見。

第一百五十九條

本法的修改權屬於全國人民代表大會。

本法的修改提案權屬於全國人民代表大會常務委員會，國務院和香港特別行政區。香港特別行政區的修改議案，須經香港特別行

PART ONE
輕鬆認識 CRE

PART TWO
基本法概覽

PART THREE
基本法全文

PART FOUR
模擬試題測驗

政區的全國人民代表大會代表三分之二多 數、香港特別行政區立法會全體議員三分之二多數和香港特別行政區行政長官同意後，交由香港特別行政區出席全國人民代表大會的代表團向全國人民代表大會提 出。

本法的修改議案在列入全國人民代表大會的議程前，先由香港特別行政區基本法委員會研究並提出意見。

本法的任何修改，均不得同中華人民共和國對香港既定的基本方針政策相抵觸。

第九章: 附則

第一百六十條

香港特別行政區成立時，香港原有法律除由全國人民代表大會常務委員會宣佈為同本法抵觸者外，採用為香港特別行政區法律，如以後發現有的法律與本法抵觸，可依照本法規定的程序修改或停止生效。

在香港原有法律下有效的文件、證件、契約和權利義務，在不抵觸本法的前提下繼續有效，受香港特別行政區的承認和保護。

PART ONE
輕鬆認識 CRE

PART TWO
基本法概覽

PART THREE
基本法全文

PART FOUR
模擬試題測驗

附件一:
香港特別行政區行政長官的產生辦法

一、行政長官由一個具有廣泛代表性的選舉委員會根據本法選出,由中央人民政府任命。

#二、選舉委員會委員共 800 人,由下列各界人士組成:

工商、金融界	200人
專業界	200人
勞工、社會服務、宗教等界	200人
立法會議員、區域性組織代表、香港地區全國人大代表、香港地區全國政協委員的代表	200人

選舉委員會每屆任期五年。

三、各個界別的劃分,以及每個界別中何種組織可以產生選舉委員的名額,由香港特別行政區根據民主、開放的原則制定選舉法加以規定。

各界別法定團體根據選舉法規定的分配名額和選舉辦法自行選出選舉委員會委員。選舉委員以個人身份投票。

#四、不少於一百名的選舉委員可聯合提名行政長官候選人。每名委員只可提出一名候選人。

五、選舉委員會根據提名的名單，經一人一票無記名投票選出行政長官候任人。具體選舉辦法由選舉法規定。

六、第一任行政長官按照《全國人民代表大會關於香港特別行政區第一屆政府和立法會產生辦法的決定》產生。

七、二〇〇七年以後各任行政長官的產生辦法如需修改，須經立法會全體議員三分之二多數通過，行政長官同意，並報全國人民代表大會常務委員會批准。

註：
請參閱《中華人民共和國香港特別行政區基本法附件一香港特別行政區行政長官的產生辦法修正案》(2010年8月28日第十一屆全國人民代表大會常務委員會第十六次會議批准) (見文件一及文件二)。

PART ONE
輕鬆認識 CRE

PART TWO
基本法概覽

PART **THREE**
基本法全文

PART FOUR
模擬試題測驗

附件二:
香港特別行政區立法會的產生辦法和表決程序

一、立法會的產生辦法

#（一）香港特別行政區立法會議員每屆60 人，第一屆立法會按照《全國人民代表大會關於香港特別行政區第一屆政府和立法會產生辦法的決定》產生。第二屆、第三屆立法會的組成如下:

第二屆	
功能團體選舉的議員	30 人
選舉委員會選舉的議員	6 人
分區直接選舉的議員	24 人

第三屆	
功能團體選舉的議員	30 人
分區直接選舉的議員	30 人

（二）除第一屆立法會外，上述選舉委員會即本法附件一規定的選舉委員會。上述分區直接選舉的選區劃分、投票辦法，各個功能界別和法定團體的劃分、議員名額的分配、選舉辦法及選舉委員會選舉議員的辦法，由香港特別行政區政府提出並經立法會通過的選舉法加以規定。

二、 立法會對法案、議案的表決程序

除本法另有規定外，香港特別行政區立法會對法案和議案的表決
採取下列程序：

政府提出的法案，如獲得出席會議的全體議員的過半數票，即為
通過。

立法會議員個人提出的議案、法案和對政府法案的修正案均須分
別經功能團體選舉產生的議員和分區直接選舉、選舉委員會選舉
產生的議員兩部分出席會議議員各過半數通過。

三、 二〇〇七年以後立法會的產生辦法和表
決程序

二〇〇七年以後香港特別行政區立法會的產生辦法和法案、議案
的表決程序，如需對本附件的規定進行修改，須經立法會全體議
員三分之二多數通過，行政長官同意，並報全國人民代表大會常
務委員會備案。

註：

\# 請參閱《中華人民共和國香港特別行政區基本法附件二香港特別行政區
立法會的產生辦法和表決程序修正案》 (2010年8月28日第十一屆全國人
民代表大會常務委員會第十六次會議予以備案)(見文件三及文件四)。

PART ONE
輕鬆認識 CRE

PART TWO
基本法概覽

PART THREE
基本法全文

PART FOUR
模擬試題測驗

附件三：
在香港特別行政區實施的全國性法律

一、 《關於中華人民共和國國都、紀年、國歌、國旗的決議》

二、 《關於中華人民共和國國慶日的決議》

三、 《中華人民共和國政府關於領海的聲明》

四、 《中華人民共和國國籍法》

五、 《中華人民共和國外交特權與豁免條例》

六、 《中華人民共和國國旗法》

七、 《中華人民共和國領事特權與豁免條例》

八、 《中華人民共和國國徽法》

九、 《中華人民共和國領海和毗連區法》

十、 《中華人民共和國香港特別行政區駐軍法》

十一、 《中華人民共和國專屬經濟區和大陸架法》

十二、 《中華人民共和國外國中央銀行財產司法強制措施豁免法》

文件一

全國人民代表大會常務委員會關於批准《中華人民共和國香港特別行政區基本法附件一 香港特別行政區行政長官的產生辦法修正案》的決定

(2010年8月28日第十一屆全國人民代表大會常務委員會第十六次會議通過)

第十一屆全國人民代表大會常務委員會第十六次會議決定:

根據《中華人民共和國香港特別行政區基本法》附件一、《全國人民代表大會常務委員會關於〈中華人民共和國香港特別行政區基本法〉附件一第七條和附件二第三條的解釋》和《全國人民代表大會常務委員會關於香港特別行政區 2012年行政長官和立法會產生辦法及有關普選問題的決定》,批准香港特別行政區提出的《中華人民共和國香港特別行政區基本法附件一香港特別行政區行政長官的產生辦法修正案》。

《中華人民共和國香港特別行政區基本法附件一香港特別行政區行政長官的產生辦法修正案》自批准之日起生效。

文件二

中華人民共和國香港特別行政區基本法附件一
香港特別行政區行政長官的產生辦法修正案

(2010年8月28日第十一屆全國人民代表大會常務委員會第十六次會議批准)

一、二〇一二年選舉第四任行政長官人選的選舉委員會共1200人，由下列各界人士組成：

工商、金融界	300人
專業界	300人
勞工、社會服務、宗教等界	300人
立法會議員、區議會議員的代表、鄉議局的代表、香港特別行政區全國人大代表、香港特別行政區全國政協委員的代表	300人

選舉委員會每屆任期五年。

二、不少於一百五十名的選舉委員可聯合提名行政長官候選人。每名委員只可提出一名候選人。

文件三

全國人民代表大會常務委員會公告〔十一屆〕第十五號

根據《中華人民共和國香港特別行政區基本法》附件二、《全國人民代表大會常務委員會關於〈中華人民共和國香港特別行政區基本法〉附件一第七條和附件二第三條的解釋》和《全國人民代表大會常務委員會關於香港特別行政區 2012年行政長官和立法會產生辦法及有關普選問題的決定》，全國人民代表大會常務委員會對《中華人民共和國香港特別行政區基本法附件二香港特別行政區立法會的產生辦法和表決程序修正案》予以備案，現予公布。

《中華人民共和國香港特別行政區基本法附件二香港特別行政區立法會的產生辦法和表決程序修正案》自公布之日起生效。

特此公告。

全國人民代表大會常務委員會 2010年8月28日

PART ONE
輕鬆認識 CRE

PART TWO
基本法概覽

PART THREE
基本法全文

PART FOUR
模擬試題測驗

文件四

中華人民共和國香港特別行政區基本法附件二
香港特別行政區立法會的產生辦法和表決程序修正案

(2010年8月28日第十一屆全國人民代表大會常務委員會第十六次會議予以備案)

二〇一二年第五屆立法會共 70名議員，其組成如下：

功能團體選舉的議員 35人

分區直接選舉的議員 35人

香港特別行政區區旗區徽圖案

香港特別行政區區旗圖案

香港特別行政區區徽圖案

PART ONE
輕鬆認識 CRE

PART TWO
基本法概覽

PART THREE
基本法全文

PART FOUR
模擬試題測驗

全國人民代表大會關於《中華人民共和國香港特別行政區基本法》的決定

1990年4月4日第七屆全國人民代表大會

第三次會議通過

第七屆全國人民代表大會第三次會議通過《中華人民共和國香港特別行政區基本法》，包括附件一：《香港特別行政區行政長官的產生辦法》，附件二：《香 港特別行政區立法會的產生辦法和表決程序》，附件三：《在香港特別行政區實施的全國性法律》，以及香港特別行政區區旗和區徽圖案。《中華人民共和國憲法》第三十一條規定："國家在必要時得設立特別行政區。在特別行政區內實行的制度按照具體情況由全國人民代表大會以法律規定。"香港特別行政區基本法是根據《中華人民共和國憲法》按照香港的具體情況制定的，是符合憲法的。香港特別行政區設立後實行的制度、政策和法律，以香港特別行政區基本法為依據。

《中華人民共和國香港特別行政區基本法》自1997年7月1日起實施。

全國人民代表大會關於設立香港特別行政區的決定

1990年4月4日第七屆全國人民代表大會

第三次會議通過

第七屆全國人民代表大會第三次會議根據《中華人民共和國憲法》第三十一條和第六十二條第十三項的規定，決定：

一、自1997年7月1日起設立香港特別行政區。

二、香港特別行區的區域包括香港島、九龍半島，以及所轄的島嶼和附近海域。香港特別行政區的行政區域圖由國務院另行公佈。

全國人民代表大會
關於香港特別行政區第一屆政府和
立法會產生辦法的決定

1990年4月4日第七屆全國人民代表大會

第三次會議通過

一、香港特別行政區第一屆政府和立法會根據體現國家主權、平穩過渡的原則產生。

二、在一九九六年內，全國人民代表大會設立香港特別行政區籌備委員會，負責籌備成立香港特別行政區的有關事宜，根據本決定規定第一屆政府和立法會的具體產生辦法。籌備委員會由內地和不少於百分之五十的香港委員組成，主件委員和委員由全國人民代表大會常務委員會委任。

三、香港特別行政區籌備委員會負責籌組香港特別行政區第一屆政府推選委員會（以下簡稱推選委員會）。

推選委員會全部由香港永久性居民組成，必須具有廣泛代表性，成員包括全國人民代表大會香港地區代表、香港地區全國政協委員的代表、香港特別行政區成立前曾在香港行政、立法、諮詢機構 任職並有實際經驗的人士和各階層、界別中具有代表性的人士。

推選委員會由400人組成，比例如下：

工商、金融界	25%
專業界	25%
勞工、基層、宗教等界	25%
原政界人士、香港地區全國人大代表、香港地區全國政協委員的代表	25%

四、推選委員會在當地以協商方式、或協商後提名選舉，推舉第一任行政長官人選，報中央人民政府任命。第一任行政長官的任期與正常任期相同。

五、第一屆香港特別行政區政府由香港特別行政區行政長官按香港特別行政區基本法規定負責籌組。

六、香港特別行政區第一屆立法會由60人組成，其中分區直接選舉產生議員20人，選舉委員會選舉產生議員10人，功能團體選舉產生議員30人。原香港最後一屆立法局的組成如符合本決定和香港特別行政區基本法的有關規定，其議員擁護中華人民共和國香港特別行政區基本法、願意效忠中華人民共和國香港特別行政區並符合香港特別行政區基本法規定條件者，經香港特別行政區籌備委員會確認，即可成為香港特別行政區第一屆立法會議員。

香港特別行政區第一屆立法會議員的任期為兩年。

全國人民代表大會關於批准香港特別行政區基本法起草委員會關於設立全國人民代表大會常務委員會香港特別行政區基本法委員會的建議的決定

1990 年4 月4 日第七屆全國人民代表大會

第三次會議通過

第七屆全國人民代表大會第三次會議決定：

一、批准香港特別行政區基本法起草委員會關於設立全國人民代表大會常務委員會香港特別行政區基本法委員會的建議。

二、在《中華人民共和國香港特別行政區基本法》實施時，設立全國人民代表大會常務委員會香港特別行政區基本法委員會。

附：
香港特別行政區基本法起草委員會關於設立全國人民代表大會常務委員會香港特別行政區基本法委員會的建議

一、名稱：全國人民代表大會常務委員會香港特別行政區基本法委員會。

二、隸屬關係：是全國人民代表大會常務委員會下設的工作委員會。

三、任務：就有關香港特別行政區基本法第十七條、第十八條、第一百五十八條、第一百五十九條實施中的問題進行研究，並向全國人民代表大會常務委員會提供意見。

四、組成：成員十二人，由全國人民代表大會常務委員會任命內地和香港人士各六人組成，其中包括法律界人士，任期五年。香港委員須由在外國無居留權的香港特別行政區永久性居民中的中國公民擔任，由香港特別行政區行政長官、立法會主席和終審法院首席法官聯合提名，報全國人民代表大會常務委員會任命。

PART ONE
輕鬆認識 CRE

PART TWO
基本法概覽

PART THREE
基本法全文

PART FOUR
模擬試題測驗

全國人民代表大會常務委員會關於《中華人民共和國香港特別行政區基本法》附件三所列全國性法律增減的決定

（1997年7月1日第八屆全國人民代表大會常務委員會第二十六次會議通過）

一、在《中華人民共和國香港特別行政區基本法》附件三中增加下列全國性法律：

  1.《中華人民共和國國旗法》；

  2.《中華人民共和國領事特權與豁免條例》；

  3.《中華人民共和國國徽法》；

  4.《中華人民共和國領海及毗連區法》；

  5.《中華人民共和國香港特別行政區駐軍法》。

以上全國性法律，自1997年7月1日起由香港特別行政區公布或立法實施。

二、在《中華人民共和國香港特別行政區基本法》附件三中刪去下列全國性法律：

《中央人民政府公布中華人民共和國國徽的命令》附：國徽圖案、說明、使用辦法

全國人民代表大會常務委員會關於增加《中華人民共和國香港特別行政區基本法》附件三所列全國性法律的決定

（1998 年11 月4 日通過）

第九屆全國人民代表大會常務委員會第五次會議決定：在《中華人民共和國香港特別行政區基本法》附件三中增加全國性法律《中華人民共和國專屬經濟區和大陸架法》。

PART ONE
輕鬆認識 CRE

PART TWO
基本法概覽

PART THREE
基本法全文

PART FOUR
模擬試題測驗

全國人民代表大會常務委員會關於增加《中華人民共和國香港特別行政區基本法》附件三所列全國性法律的決定

（2005 年 10 月 27 日 通 過）

第十屆全國人民代表大會常務委員會第十八次會議決：在《中華人民共和國香港特別行政區基本法》附件三中增加全國性法律《中華人民共和國外國中央銀行財產司法強制措施豁免法》。

全國人民代表大會常務委員會關於《中華人民共和國國籍法》在香港特別行政區實施的幾個問題的解釋

(1996年5月15日第八屆全國人民代表大會常務委員會第十九次會議通過)

根據《中華人民共和國香港特別行政區基本法》第十八條和附件三的規定，《中華人民共和國國籍法》自1997年7月1日起在香港特別行政區實施。考慮到香港的歷史背景和現實情況，對《中華人民共和國國籍法》在香港特別行政區實施作如下解釋：一、凡具有中國血統的香港居民，本人出生在中國領土(含香港)者，以及其他符合《中華人民共和國國籍法》規定的具有中國國籍的條件者，都是中國公民。二、所有香港中國同胞，不論其是否持有"英國屬土公民護照"或者"英國國民(海外)護照"，都是中國公民。自1997年7月1日起，上述中國公民可繼續使用英國政府簽發的有效旅行證件去其他國家或地區旅行，但在香港特別行政區和中華人民共和國其他地區不得因持有上述英國旅行證件而享有英國的領事保護的權利。三、任何在香港的中國公民，因英國政府的"居英權計劃"而獲得的英國公民身份，根據《中華人民共和國國籍法》不予承認。這類人仍為中國公民，在香港特別行政區和中華人民共和國其他地區不得享有英國的領事保護的權

利。四、在外國有居留權的香港特別行政區的中國公民，可使用外

國政府簽發的有關證件去其他國家或地區旅行，但在香港特別行政區和中華人民共和國其他地區不得因持有上述證件而享有外國領事保護的權利。

五、香港特別行政區的中國公民的國籍發生變更，可憑有效證件向香港特別行政區受理國籍申請的機關申報。

六、授權香港特別行政區政府指定其入境事務處為香港特別行政區受理國籍申請的機關，香港特別行政區入境事務處根據《中華人民共和國國籍法》和以上規定對所有國籍申請事宜作出處埋。

全國人民代表大會常務委員會關於根據《中華人民共和國香港特別行政區基本法》第一百六十條處理香港原有法律的決定

(1997年2月23日第八屆全國人民代表大會常務委員會第二十四次會議通過)

《中華人民共和國香港特別行政區基本法》(以下簡稱《基本法》)第一百六十條規定："香港特別行政區成立時,香港原有法律除由全國人民代表大會常務委員會宣布為同本法抵觸者外,採用為香港特別行政區法律,如以後發現有的法律與本法抵觸,可依照本法規定的程序修改或停止生效。"第八條規定："香港原有法律,即普通法、衡平法、條例、附屬立法和習慣法,除同本法相抵觸或經香港特別行政區的立法機關作出修改者外,予以保留。"第八屆全國人民代表大會常務委員會第二十四次會議根據上述規定,審議了香港特別行政區籌備委員會關於處理香港原有法律問題的建議,決定如下:一、香港原有法律,包括普通法、衡平法、條例、附屬立法和習慣法,除同《基本法》抵觸者外,採用為香港特別行政區法律。二、列於本決定附件一的香港原有的條例及附屬立法抵觸《基本法》,不採用為香港特別行政區法律。三、列於本決定附件二的香港原有的條例及附屬立法的部分

PART ONE
輕鬆認識 CRE

PART TWO
基本法概覽

PART THREE
基本法全文

PART FOUR
模擬試題測驗

條款抵觸《基本法》，抵觸的部分條款不採用為香港特別行政區法律。

四、採用為香港特別行政區法律的香港原有法律，自1997年7月1日起，在適用時，應作出必要的變更、適應、限制或例外，以符合中華人民共和國對香港恢復行使主權後香港的地位和《基本法》的有關規定，如《新界土地(豁免)條例》在適用時應符合上述原則。

除符合上述原則外，原有的條例或附屬立法中：

(一)　規定與香港特別行政區有關的外交事務的法律，如與在香港特別行政區實施的全國性法律不一致，應以全國性法律為準，並符合中央人民政府享有的國際權利和承擔的國際義務。

(二)　任何給予英國或英聯邦其它國家或地區特權待遇的規定，不予保留，但有關香港與英國或英聯邦其它國家或地區之間互惠性規定，不在此限。

(三)　有關英國駐香港軍隊的權利、豁免及義務的規定，凡不抵觸《基本法》和《中華人民共和國香港特別行政區駐軍法》的規定者，予以保留，適用於中華人民共和國中央人民政府派駐香港特別行政區的軍隊。

(四) 有關英文的法律效力高於中文的規定，應解釋為中文和英文都是正式語文。

(五) 在條款中引用的英國法律的規定，如不損害中華人民共和國的主權和不抵觸《基本法》的規定，在香港特別行政區對其作出修改前，作為過渡安排，可繼續參照適用。

五、在符合第四條規定的條件下，採用為香港特別行政區法律的香港原有法律，除非文意另有所指，對其中的名稱或詞句的解釋或適用，須遵循本決定附件三所規定的替換原則。

六、採用為香港特別行政區法律的香港原有法律，如以後發現與《基本法》相抵觸者，可依照《基本法》規定的程序修改或停止生效。附件一香港原有法律中下列條例及附屬立法抵觸《基本法》，不採用為香港特別行政區法律： 1. 《受託人(香港政府證券)條例》(香港法例第77章)； 2. 《英國法律應用條例》(香港法例第88章)； 3.《英國以外婚姻條例》(香港法例第180章)； 4. 《華人引渡條例》(香港法例第235章)； 5. 《香港徽幟(保護)條例》(香港法例第315章)； 6. 《國防部大臣(產業承繼)條例》(香港法例第193章)； 7. 《皇家香港軍團條例》(香港法例第199章)； 8. 《強制服役條例》(香港法例第246章)； 9. 《陸軍及皇家空軍法律服務處條例》(香港法例第286章)； 10. 《英國國籍(雜項規定)

條例》(香港法例第186章)； 11.《1981年英國國籍法(相應修訂)條例》(香港法例第373章)； 12. 《選舉規定條例》(香港法例第367章)；13.《立法局(選舉規定)條例》(香港法例第381章)； 14.《選區分界及選舉事務委員會條例》(香港法例第432章)。附件二香港原有法律中下列條例及附屬立法的部分條款抵觸《基本法》，不採用為香港特別行政區法律：

1. 《人民入境條例》(香港法例第115章)第2條中有關 "香港永久性居民" 的定義和附表一 "香港永久性居民" 的規定； 2. 任何為執行在香港適用的英國國籍法所作出的規定； 3.《市政局條例》(香港法例第101章)中有關選舉的規定； 4. 《區域市政局條例》(香港法例第385章)中有關選舉的規定； 5. 《區議會條例》(香港法例第366章)中有關選舉的規定； 6. 《舞弊及非法行為條例》(香港法例第288章)中的附屬立法A《市政局、區域市政局以及區議會選舉費用令》和附屬立法C《立法局決議》； 7. 《香港人權法案條例》(香港法例第383章)第2條第(3)款有關該條例的解釋及應用目的的規定，第3條有關 "對先前法例的影響" 和第4條有關 "日後的法例的釋義" 的規定； 8.《個人資料(私隱)條例》(香港法例第486章)第3條第(2)款有關該條例具有凌駕地位的規定； 9. 1992年7月17日以來對《社團條例》(香港法例第151章)的重大

修改； 10. 1995年7月27日以來對《公安條例》(香港法例第245章)的重大修改。 附件三採用為香港特別行政區法律的香港原有法律中的名稱或詞句在解釋或適用時一般須遵循以下替換原則：

1. 任何提及"女王陛下"、"王室"、"英國政府"及"國務大臣"等相類似名稱或詞句的條款，如該條款內容是關於香港土地所有權或涉及《基本法》所規定的中

央管理的事務和中央與香港特別行政區的關係，則該等名稱或詞句應相應地解釋為中央或中國的其它主管機關，其它情況下應解釋為香港特別行政區政府。2. 任何提及"女王會同樞密院"或"樞密院"的條款，如該條款內容是關於上訴權事項，則該等名稱或詞句應解釋為香港特別行政區終審法院，其它情況下，依第1項規定處理。3. 任何冠以"皇家"的政府機構或半官方機構的名稱應刪去"皇家"字樣，並解釋為香港特別行政區相應的機構。4. 任何"本殖民地"的名稱應解釋為香港特別行政區；任何有關香港領域的表述應依照國務院頒布的香港特別行政區行政區域圖作出相應解釋後適用。5. 任何"最高法院"及"高等法院"等名稱或詞句應相應地解釋為高等法院及高等法院原訟法庭。6. 任何"總督"、"總督會同行政局"、"布政司"、"律政司"、"首席按察司"、"政務司"、"憲制事務司"、"海

PART ONE
輕鬆認識 CRE

PART TWO
基本法概覽

PART **THREE**
基本法全文

PART FOUR
模擬試題測驗

關總監"及"按察司"等名稱或詞句應相應地解釋為香港特別行政區行政長官、行政長官會同行政會議、政務司長、律政司長、終審法院首席法官或高等法院首席法官、民政事務局局長、政制事務局局長、海關關長及高等法院法官。7. 在香港原有法律中文文本中，任何有關立法局、司法機關或行政機關及其人員的名稱或詞句應相應地依照《基本法》的有關規定進行解釋和適用。8. 任何提及"中華人民共和國"和"中國"等相類似名稱或詞句的條款，應解釋為包括台灣、香港和澳門在內的中華人民共和國；任何單獨或同時提及大陸、台灣、香港和澳門的名稱或詞句的條款，應相應地將其解釋為中

華人民共和國的一個組成部分。9. 任何提及"外國"等相類似名稱或詞句的條款，應解釋為中華人民共和國以外的任何國家或地區，或者根據該項法律或條款的內容解釋為"香港特別行政區以外的任何地方"；任何提及"外籍人士"等相類似名稱或詞句的條款，應解釋為中華人民共和國公民以外的任何人士。10. 任何提及"本條例的條文不影響亦不得視為影響女王陛下、其儲君或其繼位人的權利"的規定，應解釋為"本條例的條文不影響亦不得視為影響中央或香港特別行政區政府根據《基本法》和其他法律的規定所享有的權利"。

全國人民代表大會常務委員會關於《中華人民共和國香港特別行政區基本法》第二十二條第四款和第二十四條第二款第(三)項的解釋

(1999年6月26日第九屆全國人民代表大會常務委員會第十次會議通過)

第九屆全國人民代表大會常務委員會第十次會議審議了國務院《關於提請解釋〈中華人民共和國香港特別行政區基本法〉第二十二條第四款和第二十四條第二款第(三)項的議案》。國務院的議案是應香港特別行政區行政長官根據《中華人民共和國香港特別行政區基本法》第四十三條和第四十八條第(二)項的有關規定提交的報告提出的。鑒於議案中提出的問題涉及香港特別行政區終審法院1999年1月29日的判決對《中華人民共和國香港特別行政區基本法》有關條款的解釋，該有關條款涉及中央管理的事務和中央與香港特別行政區的關係，終審法院在判決前沒有依照《中華人民共和國香港特別行政區基本法》第一百五十八條第三款的規定請全國人民代表大會常務委員會作出解釋，而終審法院的解釋又不符合立法原意，經徵詢全國人民代表大會常務委員會香港特別行政區基本法委員會的意見，全國人民代表大會常務委員會決定，根據《中華人民共和國憲法》第六十七條第(四)項和《中

華人民共和國香港特別行政區基本法》第一百五十八條第一款的規定，對《中華人民共和國香港特別行政區基本法》第二十二條第四款和第二十四條第二款第(三)項的規定，作如下解釋：

一、《中華人民共和國香港特別行政區基本法》第二十二條第四款關於"中國其他地區的人進入香港特別行政區須辦理批准手續"的規定，是指各省、自治區、直轄市的人，包括香港永久性居民在內地所生的中國籍子女，不論以何種事由要求進入香港特別行政區，均須依照國家有關法律、行政法規的規定，向其所在地區的有關機關申請辦理批准手續，並須持有有關機關製發的有效證件方能進入香港特別行政區。各省、自治區、直轄市的人，包括香港永久性居民在內地所生的中國籍子女，進入香港特別行政區，如未按國家有關法律、行政法規的規定辦理相應的批准手續，是不合法的。

二、《中華人民共和國香港特別行政區基本法》第二十四條第二款前三項規定："香港特別行政區永久性居民為：(一)　在香港特別行政區成立以前或以後在香港出生的中國公民；(二)　在香港特別行政區成立以前或以後在香港通常居住連續七年以上的中國公民；　(三)　第(一)、(二)兩項所列居民在香港以外所生的中國籍子女"。其中第(三)項關於"第(一)、(二)兩項所列居民在香港以外

所生的中國籍子女"的規定，是指無論本人是在香港特別行政區成立以前或以後出生，在其出生時，其父母雙方或一方須是符合《中華人民共和國香港特別行政區基本法》第二十四條第二款第(一)項或第(二)項規定條件的人。本解釋所闡明的立法原意以及《中華人民共和國香港特別行政區基本法》第二十四條第二款其他各項的立法原意，已體現在1996年8月10日全國人民代表大會香港特別行政區籌備委員會第四次全體會議通過的《關於實施〈中華人民共和國香港特別行政區基本法〉第二十四條第二款的意見》中。

本解釋公布之後，香港特別行政區法院在引用《中華人民共和國香港特別行政區基本法》有關條款時，應以本解釋為準。本解釋不影響香港特別行政區終審法院1999年1月29日對有關案件判決的有關訴訟當事人所獲得的香港特別行政區居留權。此外，其他任何

人是否符合《中華人民共和國香港特別行政區基本法》第二十四條第二款第(三)項規定的條件，均須以本解釋為準。

全國人民代表大會常務委員會關於《中華人民共和國香港特別行政區基本法》附件一第七條和附件二第三條的解釋

(2004年4月6日第十屆全國人民代表大會常務委員會第八次會議通過)

第十屆全國人民代表大會常務委員會第八次會議審議了委員長會議關於提請審議《全國人民代表大會常務委員會關於〈中華人民共和國香港特別行政區基本法〉附件一第七條和附件二第三條的解釋(草案)》的議案。經徵詢全國人民代表大會常務委員會香港特別行政區基本法委員會的意見，全國人民代表大會常務委員會決定，根據《中華人民共和國憲法》第六十七條第四項和《中華人民共和國香港特別行政區基本法》第一百五十八條第一款的規定，對《中華人民共和國香港特別行政區基本法》附件一《香港特別行政區行政長官的產生辦法》第七條"二○○七年以後各任行政長官的產生辦法如需修改，須經立法會全體議員三分之二多數通過，行政長官同意，並報全國人民代表大會常務委員會批准"的規定和附件二《香港特別行政區立法會的產生辦法和表決程序》第三條"二○○七年以後香港特別行政區立法會的產生辦法和法案、議案的表決程序，如需對本附件的規定進行修改，須

經立法會全體議員三分之二多數通過，行政長官同意，並報全國人民代表大會常務委員會備案"的規定，作如下解釋：一、上述兩個附件中規定的"二〇〇七年以後"，含二〇〇七年。

二、上述兩個附件中規定的二〇〇七年以後各任行政長官的產生辦法、立法會的產生辦法和法案、議案的表決程序"如需"修改，是指可以進行修改，也可以不進行修改。

三、上述兩個附件中規定的須經立法會全體議員三分之二多數通過，行政長官同意，並報全國人民代表大會常務委員會批准或者備案，是指行政長官的產生辦法和立法會的產生辦法及立法會法案、議案的表決程序修改時必經的法律程序。只有經過上述程序，包括最後全國人民代表大會常務委員會依法批准或者備案，該修改方可生效。是否需要進行修改，香港特別行政區行政長官應向全國人民代表大會常務委員會提出報告，由全國人民代表大會常務委員會依照《中華人民共和國香港特別行政區基本法》第四十五條和第六十八條規定，根據香港特別行政區的實際情況和循序漸進的原則確定。修改行政長官產生辦法和立法會產生辦法及立法會法案、議案表決程序的法案及其修正案，應由香港特別行政區政府向立法會提出。

PART ONE
輕鬆認識 CRE

PART TWO
基本法概覽

PART THREE
基本法全文

PART FOUR
模擬試題測驗

四、上述兩個附件中規定的行政長官的產生辦法、立法會的產生辦法和法案、議案的表決程序如果不作修改,行政長官的產生辦法仍適用附件一關於行政長官產生辦法的規定;立法會的產生辦法和法案、議案的表決程序仍適用附件二關於第三屆立法會產生辦法的規定和附件二關於法案、議案的表決程序的規定。

現予公告。

全國人民代表大會常務委員會關於香港特別行政區行政長官普選問題和2016年立法會產生辦法的決定

（2014年8月31日第十二屆全國人民代表大會常務委員會第十次會議通過）

第十二屆全國人民代表大會常務委員會第十次會議審議了香港特別行政區行政長官梁振英2014年7月15日提交的《關於香港特別行政區2017年行政長官及2016年立法會產生辦法是否需要修改的報告》，並在審議中充分考慮了香港社會的有關意見和建議。

會議指出，2007年12月29日第十屆全國人民代表大會常務委員會第三十一次會議通過的《全國人民代表大會常務委員會關於香港特別行政區2012年行政長官和立法會產生辦法及有關普選問題的決定》規定，2017年香港特別行政區第五任行政長官的選舉可以實行由普選產生的辦法；在行政長官實行普選前的適當時候，行政長官須按照香港基本法的有關規定和《全國人民代表大會常務委員會關於〈中華人民共和國香港特別行政區基本法〉附件一第七條和附件二第三條的解釋》，就行政長官產生辦法的修改問題向全國人民代表大會常務委員會提出報告，由全國人民代表大會常務委員會確定。2013年12月4日至2014年5月3日，香港特別行政區政府就2017年行政長官產生辦法和2016年立法會產生辦法進行了廣泛、深入的公眾諮詢。諮詢過程中，香港社會普遍希望

PART ONE
輕鬆認識 CRE

PART TWO
基本法概覽

PART THREE
基本法全文

PART FOUR
模擬試題測驗

2017年實現行政長官由普選產生，並就行政長官普選辦法必須符合香港基本法和全國人大常委會有關決定、行政長官必須由愛國愛港人士擔任等重要原則形成了廣泛共識。對於2017年行政長官普選辦法和2016年立法會產生辦法，香港社會提出了各種意見和建議。在此基礎上，香港特別行政區行政長官就2017年行政長官和2016年立法會產生辦法修改問題向全國人大常委會提出報告。會議認為，行政長官的報告符合香港基本法、全國人大常委會關於香港基本法附件一第七條和附件二第三條的解釋以及全國人大常委會有關決定的要求，全面、客觀地反映了公眾諮詢的情況，是一個積極、負責、務實的報告。

會議認為，實行行政長官普選，是香港民主發展的歷史性進步，也是香港特別行政區政治體制的重大變革，關係到香港長期繁榮穩定，關係到國家主權、安全和發展利益，必須審慎、穩步推進。香港特別行政區行政長官普選源於香港基本法第四十五條第二款的規定，即"行政長官的產生辦法根據香港特別行政區的實際情況和循序漸進的原則而規定，最終達至由一個有廣泛代表性的提名委員會按民主程序提名後普選產生的目標。"制定行政長官普選辦法，必須嚴格遵循香港基本法有關規定，符合"一國兩制"的原則，符合香港特別行政區的法律地位，兼顧社會各階

層的利益，體現均衡參與，有利於資本主義經濟發展，循序漸進地發展適合香港實際情況的民主制度。鑒於香港社會對如何落實香港基本法有關行政長官普選的規定存在較大爭議，全國人大常委會對正確實施香港基本法和決定行政長官產生辦法負有憲制責任，有必要就行政長官普選辦法的一些核心問題作出規定，以促進香港社會凝聚共識，依法順利實現行政長官普選。

會議認為，按照香港基本法的規定，香港特別行政區行政長官既要對香港特別行政區負責，也要對中央人民政府負責，必須堅持行政長官由愛國愛港人士擔任的原則。這是"一國兩制"方針政策的基本要求，是行政長官的法律地位和重要職責所決定的，是保持香港長期繁榮穩定，維護國家主權、安全和發展利益的客觀需要。行政長官普選辦法必須為此提供相應的制度保障。

會議認為，2012年香港特別行政區第五屆立法會產生辦法經過修改後，已經向擴大民主的方向邁出了重大步伐。香港基本法附件二規定的現行立法會產生辦法和表決程序不作修改，2016年第六屆立法會產生辦法和表決程序繼續適用現行規定，符合循序漸進地發展適合香港實際情況的民主制度的原則，符合香港社會的多數意見，也有利於香港社會各界集中精力優先處理行政長官普選問題，從而為行政長官實行普選後實現立法會全部議員由普選產生的目標創造條件。

PART ONE
輕鬆認識 CRE

PART TWO
基本法概覽

PART THREE
基本法全文

PART FOUR
模擬試題測驗

鑒此，全國人民代表大會常務委員會根據《中華人民共和國香港特別行政區基本法》、《全國人民代表大會常務委員會關於〈中華人民共和國香港特別行政區基本法〉附件一第七條和附件二第三條的解釋》和《全國人民代表大會常務委員會關於香港特別行政區2012年行政長官和立法會產生辦法及有關普選問題的決定》的有關規定，決定如下：

一、從2017年開始，香港特別行政區行政長官選舉可以實行由普選產生的辦法。

二、香港特別行政區行政長官選舉實行由普選產牛的辦法時：

（一）須組成一個有廣泛代表性的提名委員會。提名委員會的人數、構成和委員產生辦法按照第四任行政長官選舉委員會的人數、構成和委員產生辦法而規定。

（二）提名委員會按民主程序提名產生二至二名行政長官候選人。每名候選人均須獲得提名委員會全體委員半數以上的支持。

（三）香港特別行政區合資格選民均有行政長官選舉權，依法從行政長官候選人中選出一名行政長官人選。

（四）行政長官人選經普選產生後，由中央人民政府任命。

三、行政長官普選的具體辦法依照法定程序通過修改《中華人民共和國香港特別行政區基本法》附件一《香港特別行政區行政長官的產生辦法》予以規定。修改法案及其修正案應由香港特別行

政區政府根據香港基本法和本決定的規定，向香港特別行政區立法會提出，經立法會全體議員三分之二多數通過，行政長官同意，報全國人民代表大會常務委員會批准。

四、如行政長官普選的具體辦法未能經法定程序獲得通過，行政長官的選舉繼續適用上一任行政長官的產生辦法。

五、香港基本法附件二關於立法會產生辦法和表決程序的現行規定不作修改，2016年香港特別行政區第六屆立法會產生辦法和表決程序，繼續適用第五屆立法會產生辦法和法案、議案表決程序。在行政長官由普選產生以後，香港特別行政區立法會的選舉可以實行全部議員由普選產生的辦法。在立法會實行普選前的適當時候，由普選產生的行政長官按照香港基本法的有關規定和《全國人民代表大會常務委員會關於〈中華人民共和國香港特別行政區基本法〉附件一第七條和附件二第三條的解釋》，就立法會產生辦法的修改問題向全國人民代表大會常務委員會提出報告，由全國人民代表大會常務委員會確定。

會議強調，堅定不移地貫徹落實"一國兩制"、"港人治港"、高度自治方針政策，嚴格按照香港基本法辦事，穩步推進2017年行政長官由普選產生，是中央的一貫立場。希望香港特別行政區政府和香港社會各界依照香港基本法和本決定的規定，共同努力，達至行政長官由普選產生的目標。

模擬試題測驗一

《基本法》
模擬測驗（一）

● 限時二十分鐘

PART ONE
輕鬆認識 CRE

PART TWO
基本法概覽

PART THREE
基本法全文

PART FOUR
模擬試題測驗

1. 香港特別行政區政府裡，有關主要官員的任命，為甚麼要報請中華人民共和國政府的同意？

   A. 因為中央人民政府恐怕有特殊政治背景的人士會左右香港特別行政區政府的運作

   B. 因為中華人民共和國必須確保「一國兩制」能夠順利落實

   C. 因為中央人民政府怕有人會企圖對抗中共中央政府

2. 《基本法》之中，對於香港特別行政區政府各部門，以及其公務人員，向中央政府作工作報告的規定是甚麼？

   A. 需要視乎報告的性質而決定

   B. 施政報告則必需要向中央政府作工作報告

   C. 《基本法》中並沒有任何特別的規定

3. 根據《基本法》中所指，對於外派官員可否擔任香港特別行政區政府公務員的規定是甚麼？

   A. 是不可以擔任香港特別行政區政府的公務員

   B. 是必須經過考試合格

   C. 是必須經過中共中央政府所委派

4. 根據《基本法》中所指，對於中央政府各部門和省、市、自治區自行來港設立機構，究竟有何規範?

A. 是可以來香港設立機構

B. 是必須經過香港特別行政區政府所批准

C. 是不可能自行來香港設立機構

5. 香港特別行政區與中國內地的各省、市、自治區的體制是有何異同?

A. 省、市、自治區會實行一國一制;而香港特別行政區則保留資本主義制度以及高度自治

B. 省、市、自治區不用自負盈虧;也不用自行制定政策

C. 香港特別行政區可擁有外匯基金;省、市、自治區中則不能擁有

PART ONE
輕鬆認識 CRE

PART TWO
基本法概覽

PART THREE
基本法全文

PART FOUR
模擬試題測驗

6. 香港特別行政區回歸後，中國內地邊防艦艇如果需要在執行任務之中，進入香港香港特別行政區的水域範圍時，究竟會有甚麼的規定？

A. 中國內地邊防艦艇為追截可疑船隻時，是可以進入特別行政區的水域範圍內

B. 任何內地邊防艦艇，均不得隨意進入香港特別行政區的水域範圍

C. 內地邊防艦艇在任何時間裡，只要是在執行任務之中，都可以進入香港特別行政區的水域範圍

7. 香港特別行政區政府如果與其他國家發生經濟糾紛，中央政府會根據甚麼程序去作出進一步之處理？

A. 香港特別行政區政府可以要求中央政府協助

B. 中央政府是不會作出任何的調解

C. 中國內地利益大於香港特別行政區利益時，中央政府會去作出處理

8. 根據《基本法》中所指，香港特別行政區在「政制方面」的
方針究竟是甚麼?

　　A. 是以法治精神為主導的方針

　　B. 是以中英聯合聲明的主導為方針

　　C. 是以行政主導為方針

9. 下列哪一項不是香港特別行政區「行政長官」的職權？

　　A. 監督及指揮駐港解放軍部隊

　　B. 公佈香港特別行政區之法律

　　C. 任免香港特別行政區政府的公職人員

10. 根據《基本法》中所指，在甚麼情況之下，香港特別行政
區「行政長官」是必需要辭職？

　　A. 假如中共中央政府覺得「行政長官」其領導能力有問題

　　B. 「行政長官」如果患有嚴重疾病以及無力履行職務

　　C. 百分之六十五以上之香港市民向立法會提出彈劾「行政長
　　　官」

11. 為甚麼香港特別行政區政府「行政長官」必須對中央和特區政府負責？

　　A. 因為香港特別行政區是享譽世界之城市

　　B. 因為根據《基本法》規定，「行政長官」是不能使香港特區外匯虧損

　　C. 因為「行政長官」是代表香港特別行政區的最高級首長

12. 根據《基本法》中所指，下列哪一項並不是香港特別行政區「立法會」的職權？

　　A. 給予面斥香港特別行政區政府人員的尊貴特權

　　B. 批准稅收和公共開支

　　C. 審核財政預算

13. 香港特別行政區之「立法機關」與「行政機關」的關係是怎麼樣的？

　　A. 雙方是互相聯繫，互相配合

　　B. 雙方是互相合作，互相幫助

　　C. 雙方是互相制衡，互相配合

14. 自從1997年回歸以後，香港特別行政區之政府公務員，在效忠問題上是有何改變？

A. 香港政府公務員，只需要效忠中共中央政府

B. 香港政府公務員，只需要效忠香港特區政府「行政長官」

C. 香港政府公務員，是需要同時效忠中華人民共和國與香港特別行政區

15. 香港特別行政區之政府公務員是否須效忠香港特區政府，又同時效忠中央政府？

A. 是，這是中國國家憲法裡所規定

B. 是，這是中英聯合聲明裡所訂定

C. 香港政府公務員必須對香港特區政府盡責，並且不存在效忠中央人民政府的問題

測驗(一)答案

(1) B　　(2) C　　(3) A　　(4) C　　(5) A

(6) B　　(7) A　　(8) C　　(9) A　　(10) B

(11) C　　(12) A　　(13) C　　(14) C　　(15) C

PART **ONE**
輕鬆認識 CRE

PART **TWO**
基本法概覽

PART **THREE**
基本法全文

PART **FOUR**
模擬試題測驗

《基本法》
模擬測驗（二）

限時二十分鐘

1. 香港特別行政區「行政長官」在2003年9月宣佈撤回第23條相關草案，其草案名為：

    A.《 第23條草案 》

    B.《 國家安全（立法條文）條例草案 》

    C.《 第23條（立法條文）草案 》

2. 根據《基本法》的規定，對於香港特別行政區的「文化政策」制訂的規定是甚麼？

    A. 可以自行制訂「文化政策」

    B. 「文化政策」需要由中央人民政府所制訂

    C. 文學藝術的成果則不受保障

PART ONE
輕鬆認識 CRE

PART TWO
基本法概覽

PART THREE
基本法全文

PART FOUR
模擬試題測驗

3. 以下哪一項不是《基本法》中，對於發行港幣的權力之規定？

A. 發行港幣的權力是屬於香港特別行政區政府

B. 人民幣為香港特別行政區之法定貨幣，可以與港幣一同流通

C. 香港特別行政區政府可以授權銀行發行港幣

4. 根據《基本法》的規定，對於香港特別行政區居民之「婚姻及生育權利」的保障是甚麼？

A. 《基本法》中，並沒有條文提及「婚姻及生育權利」的保障

B. 香港特別行政區市民，是必須遵守中國內地所推行的生育政策

C. 《基本法》規定，婚姻自由和自願生育的權利是會受法律保護

5. 根據《基本法》的規定，香港特別行政區的「外交事務」是由哪一個部門處理？

　　A. 中華人民共和國中央外交部

　　B. 香港特別行政區政府外交部

　　C. 外交部駐港特派員公署

6.「鴉片戰爭」究竟是哪一個國家向中國所發動的呢？

　　A. 英國

　　B. 意大利及西班牙

　　C. 法國及西班牙

PART ONE
輕鬆認識 CRE

PART TWO
基本法概覽

PART THREE
基本法全文

PART FOUR
模擬試題測驗

7. 香港自古以來，究竟是屬於哪一個國家的領土？

   A. 英國及西班牙

   B. 中國

   C. 法國及日本

8. 3條不平等條約中之《南京條約》是於何年所簽訂？

   A. 1842年

   B. 1841年

   C. 1840年

9. 3條不平等條約中之《展拓香港界址專條》是於何年所簽訂？

   A. 1897年

   B. 1898年

   C. 1899年

10. 中華人民共和國是於何年成立？

   A. 1949年7月1日

   B. 1949年4月4日

   C. 1949年10月1日

PART ONE
輕鬆認識 CRE

PART TWO
基本法概覽

PART THREE
基本法全文

PART FOUR
模擬試題測驗

11. 中國的首都是在甚麼地方？

    A. 上海

    B. 北京

    C. 南京

12. 哪一天是中華人民共和國的國慶日？

    A. 7月1日

    B. 9月1日

    C. 10月1日

13. 香港特別行政區的「區旗」是由甚麼顏色組成？

A. 紅色和黑色

B. 紅色和白色

C. 紅色和黃色

14. 香港特別行政區的「區徽」的周圍是寫有甚麼英文名字？

A. HONG KONG

B. HONG KONG CHINA

C. HKSAR

PART ONE
輕鬆認識 CRE

PART TWO
基本法概覽

PART THREE
基本法全文

PART FOUR
模擬試題測驗

15. 香港特別行政區的成立紀念日是？

A. 7月1日

B. 7月2日

C. 7月3日

測驗(二)答案

(1) B	(2) A	(3) B	(4) C	(5) A
(6) A	(7) B	(8) A	(9) B	(10) C
(11) B	(12) C	(13) B	(14) A	(15) A

《基本法》
模擬測驗 (三)

限時二十分鐘

PART ONE
輕鬆認識 CRE

PART TWO
基本法概覽

PART THREE
基本法全文

PART FOUR
模擬試題測驗

1. 根據《基本法》的規定，對制定香港特別行政區之「金融制度」的規定是甚麼？

　A. 是由中共中央政府包辦以及策劃香港特別行政區之金融制度

　B. 是由中共中央政府與英國共同商訂以及策劃金融制度

　C. 香港特別行政區可以自行制定貨幣政策

2. 根據《基本法》的規定，對有關香港特別行政區「稅收制度」的規定是怎樣？

　A. 香港特別行政區政府必需要上繳百分之二十九稅收與中共中央政府

　B. 香港特別行政區稅收制度及政策是由中共中央政府所制定

　C. 香港特別行政區實行獨立的稅收政策

3. 根據《基本法》中所指，香港特別行政區的「民間團體」和「內地相關團體」究竟是屬於甚麼關係？

　A. 是隸屬於中國內地團體的分會

　B. 是需要受中國內地組織所監督和監管

　C. 雙方是互不隸屬

4. 根據《基本法》的規定，香港特別行政區境內的「土地」和「自然資源」究竟是屬誰所擁有？

　　A. 是屬於香港特別行政區政府所擁有

　　B. 是屬於土地審裁處以及地政署所擁有

　　C. 是由國家所擁有

5. 根據《基本法》的規定，香港特別行政區《基本法》的解釋權究竟是由誰所擁有？

　　A. 是由香港特別行政區之終審法院所擁有

　　B. 是由全國人民代表大會之常務委員會所擁有

　　C. 是由香港特別行政區之立法會委員會所擁有

6. 下列哪一類別之人士，才是真真正正的香港「永久性居民」？

　　A. 持單程證來香港居住的人士

　　B. 合法入境並且連續居住於香港七年的人士

　　C. 持雙程證來港居住的人士

7. 根據《基本法》的規定，中央政府對香港特別行政區政府徵稅的規定是甚麼?

A. 中央政府不會向香港特區政府徵收任何稅項

B. 香港特別行政區政府每年必須上繳百分之十九之稅收

C. 香港特別行政區政府負責供養駐港解放軍部隊從而代替上繳百分之十八的稅項

8. 中國內地之稅制及政策，究竟有哪一部分是適用於香港特別行政區？

A. 內地之稅制及政策，全部都不適用於香港特別行政區

B. 內地部份之稅制及政策，是會採用於香港特別行政區

C. 將會採用中港雙重抽稅方式

9. 根據《基本法》的規定，對香港特別行政區居民「納稅」的規定是甚麼？

A. 香港特別行政區居民需要納稅

B. 香港永久性居民是不需要納稅

C. 臨時性的居民是不需要納稅

10. 根據《基本法》的規定，對於香港「自由港」地位的規定是甚麼？

A. 只限於有貿易交往的國家

B. 出入境並不需要使用證件

C. 繼續保持「自由港」地位

11. 根據《基本法》的規定，對於香港特別行政區於進行「船舶登記」時會有甚麼規定？

A. 「船舶登記」必需要前往北京市方可進行登記

B. 香港特別行政區只可以限於登記內河船隻

C. 香港特別行政區會繼續進行「船舶登記」

12. 根據《基本法》的規定，對於香港特別行政區居民「組織工會」的規定是怎樣的？

A. 香港特別行政區居民擁有「組織工會」的自由

B. 香港特別行政區居民「組織工會」時，只能限於聯誼性質

C. 香港特別行政區居民「組織工會」時，是不准徵收任何的會員費用

PART ONE
輕鬆認識 CRE

PART TWO
基本法概覽

PART THREE
基本法全文

PART FOUR
模擬試題測驗

13. 根據《基本法》所規定，香港特別行政區政府和其他國家簽訂「關貿協定」所用的名稱是？

A. 香港特別行政區貿易促進局

B. 香港特別行政區政府關貿協定委員會

C. 中國香港

14. 對於有香港特別行政區市民表示，擔心未來香港的「私營企業」會受到不同程度的限制，而《基本法》中究竟有何規定？

A. 香港的「私營企業」不得和外商聯營

B. 香港的「私營企業」不受任何限制

C. 香港的「私營企業」必須加入中華人民共和國資本合作，才可以聯營

15. 根據《基本法》的規定，香港的「勞工組織」與「內地相關組織」究竟有何隸屬之關係？

A. 香港的「勞工組織」與「內地相關組織」兩者並沒有任何隸屬關係

B. 香港的「勞工組織」需要由「內地相關組織」進行監督

C. 香港的「勞工組織」需要與「國內相關組織」共同合作

測驗(三)答案

(1) C   (2) C   (3) C   (4) C   (5) B

(6) B   (7) A   (8) A   (9) A   (10) C

(11) C   (12) A   (13) C   (14) B   (15) A

PART ONE
輕鬆認識 CRE

PART TWO
基本法概覽

PART THREE
基本法全文

PART FOUR
模擬試題測驗

《基本法》
模擬測驗（四）

限時二十分鐘

1. 根據《基本法》中，對於中國內地的學歷承認的問題是有何處理？

   A. 公平對待，重新研究，並且對具水準的學府加以承認

   B. 雙方互相承認學歷的問題

   C. 雙方互不承認學歷的問題

2. 香港與內地的專業資格評審制度會如何作出銜接？

   A. 會重新考慮銜接

   B. 暫時並不會考慮銜接

   C. 銜接與否是由香港特區決定，可在保留專業基礎上自定評審辦法

3. 根據《基本法》中，對回歸後香港人往外國留學究竟有甚麼規定？

   A. 是只有在香港特別行政區境內選擇院校的自由

   B. 是享有香港特別行政區以外求學的自由

   C. 是需要經過中國外交部審批才可往外國留學

PART ONE
輕鬆認識 CRE

PART TWO
基本法概覽

PART THREE
基本法全文

PART FOUR
模擬試題測驗

4. 中央政府如何對待香港特別行政區的藝術創作？

A. 動員香港特別行政區文藝工作者，為中國作出全面貢獻

B. 中央政府並不會干預藝術創作自由

C. 中央政府希望香港特別行政區能夠為國家創作好的藝術作品

5. 香港特別行政區的影視創作，是否會納入中國國家文化部、廣電部之規管嗎？

A. 是將會納入有關之規管

B. 是不會納入規管

C. 如果屬政治敏感作品，才須予以規管

6. 香港特別行政區申辦國際體育活動時，是否需要報請中央體育部門批准嗎？

A. 必須辦理申請手續，報請中央體育部門

B. 以中華人民共和國香港名義，不需要呈報

C. 不須國家提供經費則可以不用呈報

7. 根據《基本法》的規定，香港特別行政區對於「信仰自由」
   的規定是怎樣的？

   A. 只會推崇信仰佛教及道教

   B. 只會鼓勵信仰天主教、基督教及密宗教

   C. 信仰自由是不會受到干預

8. 根據《基本法》的規定，香港特別行政區對於「公開傳教」
   的規定是：

   A. 是可以公開傳教

   B. 只准在教堂內進行傳教

   C. 只准在廟宇內進行傳教

9. 香港特別行政區在1997年回歸後，對於「宗教團體」所舉辦
   教育的一般規定是甚麼？

   A. 「宗教團體」可以舉辦教育

   B. 只限舉辦中等程度的教育

   C. 只限辦神學院的教育

PART ONE
輕鬆認識 CRE

PART TWO
基本法概覽

PART THREE
基本法全文

PART FOUR
模擬試題測驗

10. 香港特別行政區的宗教組織、宗教界人士如果與內地宗教團體互相往來是會如何處理？

    A. 是可以互相往來進行禮貌拜訪，但是不可以互傳經義

    B. 是可以互相往來、互相經義、互封佛號

    C. 是可以互相往來及交流學術

11. 香港特別行政區的「宗教界人士」，如果需要在內地從事宗教活動，是會有何限制？

    A. 是絕對不會受到某制

    B. 如果是經省、市、自治區政府宗教部門邀請的不會受到限制

    C. 是會受到一定程度的限制

12. 香港特別行政區對案外國籍之神職人員，如果在香港從事宗教活動，是會有何規範？

    A. 是不可以公開從事宗教活動，只能夠作出及從事有限度的宗教活動

    B. 在香港法律範圍之內，外國籍之神職人員是可自己從事宗教活動

    C. 是絕對可以從事宗教活動

13. 香港特別行政區與內地的宗教團體聯合組團，加入國際宗教組織及參加會議如何處理？

    A. 是可以聯合組團加入國際宗教組織或參加會議

    B. 是需要國際宗教組織批准

    C. 是不可以聯合組團加入國際宗教組織或參加會議

PART ONE
輕鬆認識 CRE

PART TWO
基本法概覽

PART THREE
基本法全文

PART FOUR
模擬試題測驗

14. 香港特別行政區宗教組織對於「外國宗教團體」進行聯繫時，是需要採用甚麼名義呢？

    A. 可以用「中華人民共和國香港」名稱保持和發展其宗教關係，參與世界活動

    B. 只要雙方有需要用甚麼名義都可以

    C. 如果與外國宗教團體聯繫，可以不用任何名義

15. 中華人民共和國，人民解放軍為甚麼需要進駐香港？

    A. 駐軍是權力的象徵，對安全繁榮提供重要保證

    B. 駐軍代表了中共中央政府對於香港特別行政區的重視

    C. 可以紓緩香港人在抵禦外國敵人時的心理壓力

測驗(四)答案

(1) A	(2) C	(3) B	(4) B	(5) B
(6) B	(7) C	(8) A	(9) A	(10) C
(11) B	(12) B	(13) C	(14) A	(15) A

《基本法》
模擬測驗（五）

● 限時二十分鐘

PART ONE
輕鬆認識 CRE

PART TWO
基本法概覽

PART THREE
基本法全文

PART FOUR
模擬試題測驗

1. 根據《基本法》的規定，香港的「外匯基金」是否有需要上繳中央嗎？

   A. 「外匯基金」是不需要上繳中央政府

   B. 「外匯基金」是需要上繳中央政府

   C. 當國家財政遇上困難時，「外匯基金」就需要上繳中央政府

2. 根據《基本法》的規定，中央將會把香港特區外匯儲備調撥結內地其他省、市、自治區嗎？

   A. 會

   B. 不會

   C. 看中央是否有指令

3. 根據《基本法》的規定，中華人民共和國的銀行將會干預香港金融管理局的日常運作嗎？

   A. 決不會干預香港金融管理局的日常運作

   B. 是有權干預香港金管局的運作

   C. 在香港金融管理局管理不善時會作出干預

4. 根據《基本法》的規定，「人民幣」是否將會取代「港元」作為流通貨幣嗎？

   A. 會，將會於稍後取代港元作為流通貨幣

   B. 不會取代港元作為流通貨幣

   C. 當港元浮動過大時，人民幣就將會取代港元作為流通貨幣

5. 根據《基本法》的規定，香港的資金進出是否有限制？

   A. 是有一定程度的限制

   B. 是沒有限制

   C. 香港特別行政區正在草擬限制資金進出

6. 港商投資中國內地的性質是屬於「內資」還是「外資」？

   A. 是屬於「外資」

   B. 是屬於「內資」

   C. 是屬於「內資」及「外資」兼備

PART ONE
輕鬆認識 CRE

PART TWO
基本法概覽

PART THREE
基本法全文

PART FOUR
模擬試題測驗

7. 港商如果在中國內地投資，是否能夠享有「外資優惠」嗎？

A. 須看港商的投資項目而決定

B. 港商是不能繼續享有外資優惠

C. 港商能夠繼續享有外資優惠

8. 根據《基本法》的規定，下列哪一項，並不符合香港特區與內地經貿關係的表述？

A. 沒有原則規定

B. 香港特別行政區自行制訂貿易政策

C. 香港是中華人民共和國的對外窗口

9. 於1997年香港回歸後，私有財產者的房屋會歸於國家所擁有嗎？

A. 僭建與改建而且影響香港特別行政區基礎建設時會收歸國家

B. 中共中央需擴建香港特別行政區辦事處時會

C. 不會收歸國家所擁有

10. 根據《基本法》的規定，對香港原有或未來擁有私人財產者，主要受哪些法規保護？

   A. 根據《基本法》第105條，明文規定須保障私有財產

   B. 香港房地產法

   C. 香港私有財產法

11. 根據《基本法》的規定，在港英年代已經批出的土地會有何規定？

   A. 界限街以北之地契一概不承認

   B. 地契超過五十年並不承認

   C. 繼續予以承認

12. 資助福利機構的政策於香港特別行政區制度下會怎樣變更？

   A. 會變得面目全非

   B. 並不會變更

   C. 會隨著人口增長時會有所調整

PART ONE
輕鬆認識 CRE

PART TWO
基本法概覽

PART THREE
基本法全文

PART FOUR
模擬試題測驗

13. 香港特別行政區學校的教學活動方面，對於使用「普通話」是有何規定？

A. 必須規定使用「普通話」進行教學

B. 必須規定使用「普通話」和「英語」進行教學

C. 在教學活動方面，並沒有規定

14. 香港特別行政區的官方語言是以「英文」還是「中文」為主？

A. 中英並重，並且需要以中文為主要的官方語言

B. 香港特別行政區的政府機構均需要以中文為主要的官方語言

C. 中英並重，並且不分主次

15. 根據《基本法》中，對於香港特別行政區施行「國家教育大綱」究竟有何規定？

A. 暫時並不用貫徹「國家教育大綱」

B. 香港特別行政區須自行決定，並且不受干預

C. 香港特別行政區正在逐步實施及貫徹「國家教育大綱」

測驗(五)答案

(1) A	(2) B	(3) A	(4) B	(5) B
(6) A	(7) C	(8) A	(9) C	(10) A
(11) C	(12) B	(13) C	(14) C	(15) B

PART **ONE**
輕鬆認識 CRE

PART **TWO**
基本法概覽

PART **THREE**
基本法全文

PART **FOUR**
模擬試題測驗

《基本法》
模擬測驗（六）

限時二十分鐘

1. 根據《基本法》的規定，對於香港人一直擁有的「專業資格」的規定是甚麼？

    A. 舊有的「專業資格」將會於1997年7月1日後作廢

    B. 「專業資格」繼續承認及保留原有的資格

    C. 「專業資格」必需要重新考試，從而釐定其專業資格

2. 根據聯合國的規定，「香港」以及「澳門」是於何時從殖民地之名單中剔除？

    A. 是從1972年11月

    B. 是從1982年9月

    C. 是從1997年6月

3. 中國內地人民對於遵守《基本法》的規定是甚麼？

    A. 中國內地人如果觸犯《基本法》是可以括免起訴相關之罪行

    B. 中國內地人同樣也要遵守《基本法》

    C. 中國內地人如在香港特別行政區犯法，必需要送回中國內地依法辦理

PART ONE
輕鬆認識 CRE

PART TWO
基本法概覽

PART THREE
基本法全文

PART FOUR
模擬試題測驗

4. 香港特別行政區是實行甚麼的「經濟制度」？

　　A. 是實行「社會主義制度」

　　B. 是實行「保護主義經濟制度」

　　C. 是實行「資本主義制度」

5. 根據《基本法》的規定，對於「中央政府」與「香港特別行政區」相關部門隸屬關係的規定是甚麼？

　　A. 是上級與下屬的關係

　　B. 是互不隸屬的關係

　　C. 是遠親近鄰的關係

6. 根據《基本法》的規定，對於香港特別行政區居民如擁有私有財產會有甚麼規定？

　　A. 香港特區居民的私有財產，是需要撥歸國家所擁有

　　B. 香港特區居民有權擁有私人財產

　　C. 香港特區居民的私有財產，是需要實行有限公司化才可擁有

7. 根據《基本法》的規定，對回歸後香港特別行政區居民移民外國的規定是怎樣的？

　　A. 必須向政制事務局以及保安局申請才可移民外國

　　B. 香港特別行政區居民是有移民外國的自由

　　C. 香港特別行政區居民的遷徙及移民會受到部份形式之限制

8. 根據《基本法》的規定，對於保持香港特別行政區「自由港」地位的規定是甚麼？

　　A. 各種輪船是可以自由來往

　　B. 貿易自由

　　C. 不用徵收關稅

9. 根據《基本法》的規定，對於香港特別行政區「貨幣匯兌」的規定是甚麼?

　　A. 所有巨額匯款，均必須申報中港兩地之海關部門

　　B. 外匯買賣和進出不受限制

　　C. 限制攜帶巨額款頂出入境

PART ONE
輕鬆認識 CRE

PART TWO
基本法概覽

PART THREE
基本法全文

PART FOUR
模擬試題測驗

10. 根據《基本法》的規定，對香港特別行政區回歸後簽發產地來源證的規定是甚麼？

    A. 香港特別行政區是可以簽發產地來源證

    B. 香港特別行政區是不可以簽發產地來源證

    C. 香港特別行政區如果簽發產地來源證，必須耍呈報，並且交由中央審批

11. 根據《基本法》的規定，在回歸後，香港特別行政區的「教育團體」與中國國內相關的部門究竟有何從屬關係？

    A. 全部均是隸屬中央政府的教育部

    B. 香港教育團體其實是隸屬於全國的總工會

    C. 兩者互不隸屬

12. 根據《基本法》的規定，在1997年回歸以後，對於新界原居民的傳統權益的規定究竟是甚麼？

    A. 廢除傳統重男輕女的部分規定

    B. 由新界原居民的宗族族長作進一步處理

    C. 合法傳統權益會受到保障

13. 自從「鴉片戰爭」之後，英國割據香港直至1997年回歸，
    英國前前後後總共統治了香港多少年呢？

    A. 總共統治了155 年

    B. 總共統治了150 年

    C. 總共統治了130 年

14. 制定《基本法》並且賦予香港特別行政區高度自治的是屬
    於哪一個國家機構?

    A. 中華人民共和國共產黨中央委員會

    B. 全國人民代表大會

    C. 中共中央政治局常委會

PART ONE
輕鬆認識 CRE

PART TWO
基本法概覽

PART THREE
基本法全文

PART FOUR
模擬試題測驗

15. 根據《基本法》中所指，予香港特別行政區高度自治的權力具體表現在哪些方面？

   A. 香港人生活方式五十年不變

   B. 香港特別行政區具有行政管理、立法權、獨立的司法權和終審權

   C. 香港人繼續享言論自由

測驗(六)答案

(1) B	(2) A	(3) B	(4) C	(5) B
(6) B	(7) B	(8) C	(9) B	(10) A
(11) C	(12) C	(13) A	(14) B	(15) B

《基本法》模擬測驗（七）

限時二十分鐘

PART ONE
輕鬆認識 CRE

PART TWO
基本法概覽

PART THREE
基本法全文

PART FOUR
模擬試題測驗

1. 《基本法》與香港法律的關係如何？

    A. 《基本法》是香港法律的一種補充

    B. 《基本法》是高於香港特區法，香港特區法不得與之抵觸

    C. 兩者對管治香港互相配合

2. 為甚麼有人說「一國兩制」賦予香港特別行政區享有「終審權」是一項創舉？

    A. 因為香港特別行政區終審法院與全國最高法院並無隸屬關係，為其他國家所未有

    B. 因為香港人如果在內地犯案是無須受到中國內地法律所制裁

    C. 因為香港政府之執法機關在處理境內罪犯時不會再畏首畏尾

3. 香港「司法獨立」和「終審權」會經常受到人大常委會解釋所影響嗎？

    A. 必定會有所影響

    B. 不會，終審法院需要時才會提請人大解釋

    C. 如果港區人大代表聯署要求時

4. 如果在香港特別行政區內行使全國性法律，究竟必需要符合哪一些規定？

    A. 是必需要符合國家安全

    B. 是必需要符合中華民族之整體利益

    C. 除基本法載入的六項全國性法律外，若果倘若遇上戰爭又或者動亂，中央政府可以頒令在香港特別行政區內行使以及實施全國性法律

5. 根據《基本法》的規定，《基本法》委員會是有何作用？

    A. 隨時就《基本法》出現的漏洞進行修改

    B. 對全國人大與香港特別行政區立法會不相符的法律進行研究

    C. 為中港兩地對《基本法》有疑問者作出解決

6. 《基本法》中，對於「結社自由」的規定是甚麼？

    A. 可以自由結社

    B. 結社不需要登記註冊

    C. 可以參加非法社團

PART ONE
輕鬆認識 CRE

PART TWO
基本法概覽

PART THREE
基本法全文

PART FOUR
模擬試題測驗

7. 香港人有哪些自由可以在香港特別行政區成立之後繼續享有？

   A. 自由參與各種投機買賣

   B. 自由參政

   C. 具有言論、出版、集會、結社、遊行、示威、罷工等自由

8. 《基本法》中，對於香港回歸後言論自由的規定是甚麼？

   A. 取締言論自由

   B. 言論自由受到限制

   C. 言論自由受到保障

9. 《基本法》中，對於新聞自由的規定是怎樣的？

   A. 香港特區擁有新聞、出版的自由

   B. 香港特區擁有誹謗他人的自由

   C. 香港特區擁有捏造新聞的自由

10. 香港特別行政區政府對方1997年前，港英當局修改制定的法律如何處理？

　　A. 不承認港英選舉法

　　B. 只有違反中英聯合聲明、破壞基本法者不予承認

　　C. 全部承認

11. 《基本法》中，對內地機構在香港的活動有關遵守特區法律如何規定？

　　A. 中央官員可以不用

　　B. 不必遵守

　　C. 必須遵守

12. 內地人如果觸犯了香港法律，應註如何處理？

　　A. 首先治罪後，然之後遣返內地

　　B. 首先以香港法律進行審判

　　C. 首先以內地法律進行審判

PART ONE
輕鬆認識 CRE

PART TWO
基本法概覽

PART THREE
基本法全文

PART FOUR
模擬試題測驗

13. 觸犯內地法律的香港人，應會受到怎樣的處理？

    A. 會引渡回香港受審判

    B. 會即時逮解出境

    C. 由內地法律裁判

14. 香港特別行政區政府的「理財政策」，是以甚麼作准則？

    A. 少入多出，冒險政策

    B. 多入少出，死守錢財

    C. 量入為出，收支平衡

15. 「外匯管制」政策在香港特別行政區將會遲早實行嗎？

    A. 外匯管制將會實行

    B. 外匯管制不會實行

    C. 外匯管制在必要時會實行

測驗(七)答案

(1) B	(2) A	(3) B	(4) C	(5) B
(6) A	(7) C	(8) C	(9) A	(10) B
(11) C	(12) B	(13) C	(14) C	(15) B

PART ONE
輕鬆認識 CRE

PART TWO
基本法概覽

PART THREE
基本法全文

PART FOUR
模擬試題測驗

《基本法》
模擬測驗（八）

限時二十分鐘

1. 根據《基本法》的規定，香港特別行政區的「區旗」究竟是甚麼式樣的？

    A. 紫荊花紅旗

    B. 五星紅旗

    C. 五星花蕊的紫荊花紅旗

2. 根據《基本法》的規定，香港特別行政區的「區徽」中間究竟是甚麼圖案？

    A. 紫荊花金星

    B. 五星花蕊的紫荊花紅旗

    C. 嵌上星星的紫荊花

3. 香港特別行政區「區徽」周圍究竟寫有甚麼文字？

    A. 中華人民共和國政府

    B. 香港特別行政區政府

    C. 中華人民共和國香港特別行政區和英文HONG KONG

PART ONE
輕鬆認識 CRE

PART TWO
基本法概覽

PART THREE
基本法全文

PART FOUR
模擬試題測驗

4. 香港特別行政區「區旗」為紫荊花紅旗，那麼究竟紫荊花紅旗是代表甚麼？

A. 中國共產黨的領導

B. 中央人民政府

C. 祖國

5. 香港特別行政區「區旗」紫荊花蕊上的五顆星星，究竟是象徵甚麼？

A. 香港特別行政區同胞熱愛祖國

B. 是中國國旗的一部分

C. 是中國收回香港特別行政區主權

6. 為甚麼說：「中華人民共和國政府是中國的唯一合法政府」呢？

A. 自中華人民共和國於成立以來，是以唯一之地位昭告天下

B. 因為第26屆聯合國，確認了「中華人民共和國」是代表中國的唯一合法政府

C. 因為人民政府代表著中國的大多數，並且統治98％以上的中國領土

7. 究竟《基本法》是甚麼呢？

    A. 是中英移交香港的法律文件

    B. 是香港政權移交的歷史文獻

    C. 是港人治港的法律依據

8. 制定《基本法》有甚麼作用？

    A. 保證「一國兩制」的實施

    B. 「資本主義」能夠順利過渡「社會主義」

    C. 是延續港英政府的法治制度

9. 「中華人民共和國香港」這個名稱表示着甚麼？

    A. 表示可以與外國簽訂國防協議

    B. 表示可以與外國簽訂外交協議

    C. 表示可以與外國簽訂關稅貿易航運協議

PART ONE
輕鬆認識 CRE

PART TWO
基本法概覽

PART THREE
基本法全文

PART FOUR
模擬試題測驗

10. 根據《基本法》的規定，香港特別行政區「直轄於中央人民政府」其涵義是甚麼呢？

   A. 香港特別行政區領導班子直接由中央選派

   B. 香港特別行政區享有高度自治的地方行政區域

   C. 香港特別行政區官員直屬於中央

11. 香港特別行政區與內地為甚麼仍然需要維持邊境管理制度呢？

   A. 因為中港兩地制度不同

   B. 其實邊境管理制度是可有可無，並且是形同虛設

   C. 因為內地賊人越境犯案越來越多

12. 香港特別行政區政府，對於持有「英國屬土公民及國民（海外）護照」的使用是如何處理？

   A. 是容許繼續使用

   B. 已經不容許繼續使用

   C. 香港特別行政區成立50之年後，將會不再使用

13. 「人民解放軍駐港部隊」會有何措施不干預香港事務？

　　A. 其不得干預香港特別行政區政府的行政工作，只可以參與
　　　　香港特別行政區的政治活動

　　B. 「人民解放軍駐港部隊」是必須遵守全國性和香港特別行
　　　　政區的法律

　　C. 「人民解放軍駐港部隊」會每年舉辦一次香港特別行政區
　　　　愛國軍節日

14. 根據《基本法》的規定，哪一條條文是賦予香港特別行政
　　區立法禁止叛國、分裂國家、煽動叛亂、顛覆中央政府的
　　行為？

　　A. 第3條

　　B. 第23條

　　C. 第45條

PART ONE
輕鬆認識 CRE

PART TWO
基本法概覽

PART THREE
基本法全文

PART FOUR
模擬試題測驗

15. 根據《基本法》的規定，如何規範香港特別行政區與外國的政治性組織組成團體聯繫？

A. 《基本法》中並沒有限制

B. 必需向香港特別行政區行政長官申請

C. 是完全禁止聯繫

測驗(八)答案

(1) C	(2) B	(3) C	(4) C	(5) A
(6) B	(7) C	(8) A	(9) C	(10) B
(11) A	(12) A	(13) B	(14) B	(15) C

《基本法》
模擬測驗（九）

限時二十分鐘

PART ONE
輕鬆認識 CRE

PART TWO
基本法概覽

PART THREE
基本法全文

PART FOUR
模擬試題測驗

1. 根據《基本法》的規定，擔任香港特區政府司長、局長、廉政專員、審計署長、警務處長、入境事務處長、海關關長的資格，其中最主的條件是甚麼？

   A. 必需是由擁有碩士學歷或最低限度是由大學畢業的人士所擔任

   B. 必需是由中共中央人民政府所推薦及送的人士所擔任

   C. 必需是由在外國並無居留權的香港永久性居民所擔任

2. 根據《基本法》的規定，香港特區政府主要官員為甚麼必須由在外國並無居留權的香港永久性居民中的中華人民共和國公民所擔任?

   A. 因為能夠從而體現主權，符合港人治港原則

   B. 中國人做事較為可信及有責任感

   C. 因為香港特區政府不可以再信任外國籍的人士

3. 非中華人民共和國籍人士的香港永久性居民，在進入香港特區政府工作，《基本法》之中究竟有何規定？

   A. 其必需要擁有專業的技術

   B. 是可以進入香港特區政府工作

   C. 如果是屬於臨時性質的工作，則可以擔任

4. 香港特區居民的「基本權利」和「義務」為甚麼需要明確地列入《基本法》之中？

   A. 因為需要體現中央落實一國兩制

   B. 避免日後萬一出現爭議時無任何憑據

   C. 為了避免傳媒報導時會有所偏差

5. 根據《基本法》的規定，香港特別行政區的居民，如何能夠參與「管理國家的事務」？

   A. 香港特區居民是絕對不可以參與管理國家的事務

   B. 香港特區內，只有部份居民才可以參與管理國家的事務

   C. 香港特別行政區之居民，是可以參選人大代表

PART ONE
輕鬆認識 CRE

PART TWO
基本法概覽

PART THREE
基本法全文

PART FOUR
模擬試題測驗

6. 根據《基本法》的規定，不同國籍的人士，究竟怎樣才可以成為「香港永久性居民」？

    A. 不同國籍的人士，是隨時隨地都可以申請成為「香港永久性居民」

    B. 不同國籍的人士，只需要在香港居住滿七年，就可以成為「香港永久性居民」

    C. 不同國籍的人士，是不可以申請成為香港永久性居民

7. 在政治權利上「中華人民共和國籍」與「非中華人民共和國籍」的香港居民，究竟有甚麼分別？

    A. 分別是在於能否參與管理國家的事務

    B. 其實兩者並無任何分別

    C. 如果觸犯刑事罪行，中國籍是可以完全豁免被起訴

8. 根據《基本法》的規定，對於香港居民出入境規定的條文是甚麼？

   A. 香港居民只可以限量移居外國

   B. 香港居民出入境只限持有香港特區護照

   C. 香港居民是享有出入境自由

9. 自從1997年香港回歸後，香港人在「出入境」方面的自由，究竟會在甚麼情況下，再不能繼續享有？

   A. 持有外國護照者

   B. 在香港觸犯法例者

   C. 香港身份証上顯示只有一粒星者

10. 根據《基本法》的規定，香港特別行政區居民在申領「香港特區護照」的條件究竟是甚麼？

    A. 是在香港居住滿七年

    B. 是香港特別行政區永久性居民

    C. 申領香港特區護照時必需要通過《基本法》測試

11. 究竟下列哪一項人仕，是不能夠具備成為「香港永久性居民」的條件？

    A. 香港人在大陸所生的所有子女

    B. 在香港特別行政區擁有居留權的人士

    C. 在香港特別行政區連續住滿七年的中國人士

12. 究竟居住及生活在香港幾代的少數族裔人仕，主要是屬於哪類？

    A. 英法國籍人士

    B. 印巴籍人士

    C. 菲律賓籍傭工

13. 根據《基本法》的規定，如果外籍人士想繼續逗留在香港以及從事工作，究竟應該怎麼辦？

   A. 如果外籍人士是擔任專業顧問又或者是技術人員才可以延期逗留在香港

   B. 如果外籍人士只要履行合約，是可以繼續逗留在香港以及從事工作

   C. 如果外籍人士想繼續逗留在香港以及從事工作是可以申請延期

14. 菲律賓籍傭工如果連續在香港居住滿七年，這是否已經符合成為香港永久性居民嗎？

   A. 是可以符合

   B. 並不符合

   C. 在特殊情況下是可以符合

15. 根據《基本法》的規定，香港原有的「社會制度」不變是指甚麼？

    A. 是指擁有私有財產的制度不變

    B. 是指香港特別行政區成立前一切行之有效的措施與制度均會五十年不變

    C. 是指香港原居民的福利制度亦不會改變

測驗(九)答案

(1) C	(2) A	(3) B	(4) A	(5) C
(6) B	(7) A	(8) C	(9) B	(10) B
(11) C	(12) B	(13) C	(14) B	(15) B

《基本法》
模擬測驗（十）

● 限時二十分鐘

PART ONE
輕鬆認識 CRE

PART TWO
基本法概覽

PART THREE
基本法全文

PART FOUR
模擬試題測驗

1. 根據《基本法》的規定，對於「駐港人民解放軍」及「中央駐港人員」的要求是甚麼？

   A. 有外交豁免權

   B. 有權干預香港特別行政區內的各種地方事務

   C. 兩者均必須遵守香港特別行政區的法律

2. 人民解放軍駐港部隊是於何時進駐香港特別行政區？

   A. 1997年6月1日

   B. 1997年6月30日

   C. 1997年7月1日

3. 在香港特別行政區實施的全國性法律，下列哪一項並不包括在內？

   A. 《關於中華人民共和國國慶日的決議》

   B. 《中華人民共和國國籍法》

   C. 《中華人民共和國駐軍法》

4. 「人民解放軍」進駐香港特別行政區是有何職責？

A. 主要保護香港特區免受外敵侵犯，平穩地發展香港各行各業，進一步發展香港的經濟

B. 主要負責香港特別行政區的防務

C. 主要防止香港特別行政區的社會出現動亂

5. 「人民解放軍駐港部隊」與香港特別行政區政府是如何維持關係？

A. 兩者是互相聯繫，互相合作

B. 「人民解放軍駐港部隊」須履行防務責任，兩者並且互不隸屬，互不干預

C. 兩者同樣直屬於中央政府領導，而彼此保持良好關係

6. 假如「人民解放軍駐港部隊」的軍人違反了香港特別行政區法律時，究竟應該如何處理？

   A. 香港特別行政區法院是可以根據全國人大所賦予的民事法律，逮捕和審理違法軍人

   B. 香港特別行政區法院是可根據《基本法》賦予的權力，對有關軍人作公平的審理

   C. 假如非執行職務行為而引發起的民事侵權案件，會由香港特別行政區法院進行審理；如果因為執行職務而引發起的民事侵權案件，則會由國家最高人民法院所管轄

7. 「人民解放軍駐港部隊」的日常開支是由誰所負擔？

   A. 是由香港特別行政區政府及香港市民的稅收所負擔

   B. 是中央人民政府與香港特別行政區政府各佔一半負擔

   C. 是由中央人民政府所負擔

8. 根據《基本法》的規定，對於香港特別行政區市民服兵役條文是有何規定？

A. 中央是不會在香港特別行政區內徵兵

B. 香港特別行政區的志願者是可予以推薦服兵役

C. 人民解放軍是准許香港特別行政區市民入伍

9. 根據《基本法》的規定，中央政府為甚麼需要負責香港特別行政區的「外交事務」呢？

A. 中央政府義務地負起「外交事務」是顯示出對香港特別行政區的關懷

B. 「外交事務」由中央政府處理，是為了避免香港特別行政區會被捲入國際政治漩渦

C. 是中國政府恢復行使香港主權的最重要例標誌

10. 根據《基本法》的規定,中央政府駐港的「外交機構」是有何功能和作用呢?

 A. 其功能和作用是為方便代表中央政府盡快處理有關「外交事務」

 B. 成為中港和外國溝通的橋樑

 C. 是為了幫助香港特別行政區政府在處理國際事務上的糾紛

11. 自從1997年回歸之後,外國駐港領事機構的設立,為何須由中央政府決定和批准呢?

 A. 根據《基本法》規定,香港特別行政區有關「外交事務」的管理權,是必須交由中央決定和批准

 B. 因為中央政府有足夠所人手,亦有經驗豐富人才處理

 C. 為了預防外國恐怖勢力會以設立機構為名,並且從事破壞香港特別行政區繁榮和穩定

12. 根據《基本法》的規定，香港特別行政區的有關組織，如果在參加國際活動時，究竟是應該採用甚麼名義進行呢？

   A. 是採用「中國香港特別行政區」的名義

   B. 是採用「中國香港」的名義

   C. 是採用「香港特別行政區」的名義

13. 根據《基本法》的規定，中央政府締造的「國際協議」，究竟會怎樣適用於香港特別行政區？

   A. 會有小部分適用於香港特別行政區

   B. 會有大部分適用於香港特別行政區

   C. 會徵詢香港特別行政區政府意見後，決定是否適用於香港特別行政區

14. 自從1997年回歸之後，「外國領事館」又或者「半官方機構」於香港特別行政區的去留，究竟是會如何處理？

    A. 如果已經與中國建立關係的國家，其在香港特別行政區的「官方機構」是可繼續保留； 如果未建交的允許保留或改為「半官方機構」； 如果還未被中國承認的國家則只能在香港別行政區設立「民間機構」

    B. 會請求中央人民政府下達指示，從而避免處理失當

    C. 原有之機構不變，而新設的機構則會與中央人民政府商討，務求作出適當所處理

15. 根據《基本法》的規定，對於民用航空運輸協定和協議，香港特別行政區政府是否有權簽訂、續簽和修改？

    A. 如果中央人民政府已經答應則將會加以協調

    B. 由中央政府授權簽署

    C. 香港特別行政區政府並未有此項權力

測驗(十)答案

(1) C	(2) C	(3) C	(4) B	(5) B
(6) C	(7) C	(8) A	(9) C	(10) A
(11) A	(12) B	(13) C	(14) A	(15) B

重點整理
精要測驗

● 限時二十分鐘

PART ONE
輕鬆認識 CRE

PART TWO
基本法概覽

PART THREE
基本法全文

PART FOUR
模擬試題測驗

1. 香港特別行政區境內的土地和自然資源屬於國家所有，由香港特別行政區政府負責管理、使用、開發、出租或批給＿＿＿使用或開發，其收入全歸香港特別行政區政府支配。

   A. 個人；

   B. 個人、法人；

   C. 個人、法人或團體；

   D. 私人、法人或團體。

2. 中央人民政府依照本法第四章的規定任命香港特別行政區＿＿＿。

   A. 行政長官；

   B. 行政長官、行政機關的主要官員和終審法院首席法官；

   C. 行政長官、行政機關的主要官員和行政會議的成員；

   D. 行政長官和行政機關的主要官員。

3. 中央人民政府負責管理與香港特別行政區有關的外交事務。　　　在香港設立機構處理外交事務。中央人民政府授權香港特別行政區依照本法自行處理有關的對外事務。

A. 中央人民政府；

B. 中華人民共和國外交部；

C. 全國人民代表大會；

D. 國務院。

4. 香港特別行政區區旗有甚麼特徵？

A. 是五星花蕊的洋金菊花紅色旗；

B. 是五星花蕊的紫荊花紅色旗；

C. 是五星花蕊的紫荊花藍色旗；

D. 是五星花蕊的紫荊花橙色旗；

5. 以下的香港特別行政區主要官員，那一位並不需要永久性居民中的中國公民擔任？

   A. 律政司

   B. 財政司

   C. 警務處處長

   D. 申訴專員

6. 中央人民政府負責管理香港特別行政區的防務。香港特別行政區政府負責維持香港特別行政區的社會治安。中央人民政府派駐香港特別行政區負責防務的軍隊不干預香港特別行政區的地方事務。香港特別行政區政府在必要時，可向中央人民政府請求駐軍協助維持社會治安和救助災害。駐軍人員須遵守＿＿＿。駐軍費用由中央人民政府負擔。

   A. 全國性的法律；

   B. 香港特別行政區的法律；

   C. 全國性的法律及香港特別行政區的法律；

   D. 香港特別行政區的法律及全國性的法律。

7. 中央人民政府所屬各部門、各省、自治區、直轄市均不得干預香港特別行政區根據本法自行管理的事務。中央各部門、各省、自治區、直轄市如需在香港特別行政區設立機構，須徵得＿＿＿。中央各部門、各省、自治區、直轄市在香港特別行政區設立的一切機構及其人員均須遵守香港特別行政區的法律。　中國其他地區的人進入香港特別行政區須辦理批准手續，其中進入香港特別行政區定居的人數由中央人民政府主管部門徵求香港特別行政區政府的意見後確定。香港特別行政區可在北京設立辦事機構。

A. 香港特別行政區政府同意；

B. 中央人民政府批准；

C. 中央人民政府批准並經香港特別行政區政府同意；

D. 香港特別行政區政府同意並經中央人民政府批准。

PART ONE
輕鬆認識 CRE

PART TWO
基本法概覽

PART THREE
基本法全文

PART FOUR
模擬試題測驗

8. 香港特別行政區可享有＿＿＿授予的其他權力。

A. 全國人民代表大會；

B. 全國人民代表大會和全國人民代表大會常務委員會；

C. 全國人民代表大會和全國人民代表大會常務委員會及中央人民政府；

D. 全國人民代表大會和中央人民政府。

9. 在香港特別行政區境內的香港居民以外的其他人，依法享有本章規定的香港居民的＿＿。

A. 權利；

B. 自由；

C. 權利和自由；

D. 自由和權利。

10. 香港特別行政區依法保護____財產的取得、使用、處置和繼承的權利，以及依法徵用私人和法人財產時被徵用財產的所有人得到補償的權利。徵用財產的補償應相當於該財產當時的實際價值，可自由兌換，不得無故遲延支付。

A. 私人；

B. 私人和法人；

C. 私人、法人和團體；

D. 個人、法人和團體。

11. 香港特別行政區的教育、科學、技術、文化、藝術、體育、專業、醫療衛生、勞工、社會福利、社會工作等方面的民間團體和宗教組織同內地相應的團體和組織的關係，應以____的原則為基礎。

A. 互不干涉、互不隸屬和互相尊重；

B. 互不隸屬、互不干涉和互相尊重；

C. 互相尊重、互不干涉和互不隸屬；

D. 互相尊重、互不隸屬和互不干涉。

PART ONE
輕鬆認識 CRE

PART TWO
基本法概覽

PART THREE
基本法全文

PART FOUR
模擬試題測驗

12. 香港特別行政區的＿＿＿中保留原在香港適用的原則和當事人享有的權利。

    A. 刑事訴訟；

    B. 刑事訴訟和民事訴訟；

    C. 刑事訴訟、民事訴訟和行政訴訟；

    D. 刑事訴訟、行政訴訟和民事訴訟。

13. 香港特別行政區成立以前已批出、決定、或續期的超越一九九七年六月三十日年期的所有土地契約和與土地契約有關的一切權利，均按香港特別行政區的法律繼續＿＿＿。

    A. 有效；

    B. 承認和有效；

    C. 予以承認；

    D. 予以承認和保護。

14. 香港原有法律，即普通法、衡平法、條例、附屬立法和習慣法，除同_____，予以保留。

A. 基本法相抵觸外；

B. 基本法相抵觸或經香港特別行政區的立法機關作出修改者外；

C. 基本法相抵觸或經全國人民代表大會常務委員會作出解釋者外；

D. 基本法相抵觸、或經香港特別行政區的立法機關作出修改者或經全國人民代表大會常務委員會作出解釋者外。

PART ONE
輕鬆認識 CRE

PART TWO
基本法概覽

PART THREE
基本法全文

PART FOUR
模擬試題測驗

15. 根據「基本法第二十三條」，香港特別行政區應自行立法禁止＿＿行為，禁止外國的政治性組織或團體在香港特別行政區進行政治活動，禁止香港特別行政區的政治性組織或團體與外國的政治性組織或團體建立聯繫。

   A. 任何叛國、分裂國家、煽動叛亂、顛覆中央人民政府及竊取國家機密的行為；

   B. 任何叛國、煽動叛亂、顛覆中央人民政府及竊取國家機密的行為；

   C. 分裂國家、煽動叛亂、顛覆中央人民政府及竊取國家機密的行為；

   D. 顛覆中央人民政府及竊取國家機密的行為。

重點整理 精要測驗【答案】

1.C	2. D	3. B	4. B	5. D
6.C	7. D	8. C	9.C	10.B
11. B	12. B	13. D	14. B	15. A

本書的編排旨在方便應考人士閱讀及溫習。

基本法完整全文(包含附註、附件及文件)可登入
以下網頁瀏覽。

看得喜 放不低

創出喜閱新思維

書名	投考公務員基本法測試精讀王 修訂版
ISBN	978-988-78090-8-1
定價	HK$88 / NT$280
出版日期	2017年10月
作者	Man Sir & Mark Sir
責任編輯	投考紀律部隊系列編輯部
版面設計	梁文俊
出版	文化會社有限公司
電郵	editor@culturecross.com
網址	www.culturecross.com
發行	香港聯合書刊物流有限公司
	地址：香港新界大埔汀麗路36號中華商務印刷大廈3樓
	電話：（852）2150 2100
	傳真：（852）2407 3062
台灣總經銷：	貿騰發賣股份有限公司
	電話：（02）822 75988